全国高等学校计算机教才

全国高等学校
计算机教育研究会
"十四五"
系列教材

R 语言
程序设计

周围 崔濒月 / 主编

清华大学出版社
北京

内 容 简 介

本书分为基础篇、进阶篇、拓展篇三个模块,共 9 个章节,包括 R 语言基础知识、常用模型和特色应用。同时,本书将 R 语言和数据科学相结合,讲解了数据获取、数据描述、数据预处理、数据分析、数据挖掘、数据可视化的理论知识以及 R 语言的实现方法。除第 9 章外,每章配有综合实验,引导学生解决应用问题。

本书是学习 R 语言、数据科学类课程的基础教材,配有完备的教学资料,支持多种教学模式,可作为各类高等院校开设 R 语言、数据科学类课程的通识基础教材,也可供数据科学、R 语言爱好者自学使用。

图书在版编目(CIP)数据

R 语言程序设计/周围,崔濒月主编. —北京:清华大学出版社,2023.2
全国高等学校计算机教育研究会"十四五"系列教材
ISBN 978-7-302-62650-3

Ⅰ.①R… Ⅱ.①周… ②崔… Ⅲ.①程序语言-程序设计-高等学校-教材 Ⅳ.①TP312

中国国家版本馆 CIP 数据核字(2023)第 023654 号

责任编辑:谢 琛
封面设计:傅瑞学
责任校对:申晓焕
责任印制:沈 露

出版发行:清华大学出版社
   网 址:http://www.tup.com.cn, http://www.wqbook.com
   地 址:北京清华大学学研大厦 A 座   邮 编:100084
   社 总 机:010-83470000   邮 购:010-62786544
   投稿与读者服务:010-62776969, c-service@tup.tsinghua.edu.cn
   质量反馈:010-62772015, zhiliang@tup.tsinghua.edu.cn
   课件下载:http://www.tup.com.cn,010-83470236
印 装 者:三河市龙大印装有限公司
经 销:全国新华书店
开 本:185mm×260mm   印 张:15.25   字 数:352 千字
版 次:2023 年 3 月第 1 版   印 次:2023 年 3 月第 1 次印刷
定 价:59.00 元

产品编号:097688-01

丛书序

　　教材在教学中具有非常重要的作用。一本优秀的教材,应该承载课程的知识体系、教学内容、教学思想和教学设计,应该是课程教学的基本参考,是学生学习知识、理论和思想方法的主要依据。在教育数字化的大背景下,教材更是教学内容组织、教学资源建设、教学模式设计与考核环节设计的依据和主线。

　　教师讲好一门课,尤其是基础课,必须要有好教材;学生学习也需要好教材。

　　好教材要让教师觉得好教。好教可不是"水",不是少讲点、讲浅一点。一门课的教材要使教师的教学能够达到这门课在专业人才培养计划中的任务,内容应该达到要求的深度和广度,应具有一定的挑战性。教材的知识体系结构科学,讲述逻辑清晰合理,案例丰富恰当,语言精炼、深入浅出,配套资源符合教学要求,就可以给教师的教学提供很好的助力,教师就会觉得这本书好教。

　　好教材要让学生觉得好学,学生需要什么样的教材呢? 在各个学校普遍采用混合式教学模式的大环境下,学生参与各个教学活动时,需要自己脑子里有一条主线,知道每个教学活动对建立整门课知识体系的作用;知道学习的相关内容在知识体系中的位置,这些都要通过教材来实现。学生复习时还需要以教材为主线,贯穿自己在各个教学活动中学到的内容,认真阅读教材,达到对知识的融会贯通。能实现学生的这些需求,学生就会觉得这本书好学。

　　教材要好教、好学,做到内容详尽、博大精深,语言深入浅出、容易阅读,才能满足师生的需要。

　　为了加强课程建设、教材建设,培育一批高质量的教材,提高教学质量,全国高等学校计算机教育研究会(以下简称"研究会")于2021年6月与清华大学出版社联合启动了"十四五"规划教材建设项目。这套丛书就是"十四五"规划教材建设项目的成果,丛书的特点如下。

　　(1) 准确把握社会主义核心价值观,融入课程思政元素,教育学生爱党、爱国。

　　(2) 由课程的主讲老师负责组织编写。

（3）体现学校办学定位和专业特色，注重知识传授与能力培养相统一。

（4）注重教材内容的前沿性与时代性，体现教学方法的先进性，承载了可供同类课程借鉴共享的经验、成果和模式。

这套教材从选题立项到编写过程，都是由研究会组织专家组层层把关。研究会委托清研教材工作室（研究会与清华大学出版社联合教材工作室）对"十四五"规划教材进行管理，立项时严格遴选，编写过程中通过交流研讨、专家咨询等形式进行过程管理与质量控制，出版前再次召开专家审查会严格审查。

计算机专业人才的培养不仅仅关系计算机领域的科技发展，而且关系所有领域的科技发展，因为计算机技术已经与各个学科深度融合，计算机技术是所有领域都必不可少的技术。本套教材承载着研究会对计算机教育的责任与使命，承载着作者们在计算机教育领域的经验、智慧、教学思想、教学设计。希望这套教材能够成为高等学校师生们计算机课程教学的有力支撑，成为自学计算机课程的读者们的良师益友。

丛书主编：郑莉

2023 年 2 月

FOREWORD

前言

　　大数据时代已经到来，基于数据科学的方法发现问题并做出科学客观的决策越来越重要。R是世界上应用广泛的数据分析、数据挖掘及数据可视化语言，是从大数据中获取信息的重要工具。它是开源、免费、跨平台、第三方支持的语言，在程序设计语言类排名中位于前十，在经济、金融、管理、生物、医学等众多领域发挥着巨大作用。近年来随着大数据、数据科学、机器学习、开源平台的发展，R语言的功能不断丰富，几乎能够完成任何数据处理任务，可安装运行于所有主流平台，是科学研究、大数据人才培养的重要工具。

　　国内外有丰富的R语言开放论坛、在线平台等资源，例如，RStudio网站中Resources专栏涵盖了从基础入门到高级R编程的丰富内容，Kaggle、Datacmap等在线平台从课程到项目再到竞赛一应俱全，国外很多高校公开了R语言的课程和学习资料库。相对而言，我国开设R语言程序设计的通识课程还不多，相关教材和实验资源较少。编者所在的北京交通大学设置了全校信息技术通识课"R语言程序设计"，面向大学低年级学生选修。本书结合此课程的教学目标和教学实践编写，有以下特点。

　　(1) 本书帮助学生较为全面地了解R语言，包括R语言基础知识、常用模型和特色应用，是读者学习和拓展R语言应用的基础资料。

　　(2) 本书将R语言和数据科学相结合，内容涵盖数据获取、数据描述、数据预处理、数据分析、数据挖掘、数据可视化的理论知识和R语言的主要实现方法，每章配有综合实验，引导学生利用所学知识解决问题。理论和实践相结合，为学生后续课程中的数据处理打下基础。

　　(3) 本书分为基础篇、进阶篇、拓展篇三个模块，共9个章节，支持32～64学时的"R语言程序设计""数据科学"等信息技术类通识课程，支持个性化教学、分层教学、混合式教学等多种教学模式。

　　(4) 为帮助师生更好地使用本书，本书配有完备的教学资料，包括教学大纲、PPT课件和习题。本课程在中国大学MOOC(春季学期)上开课，方便学习。

　　本书可作为各类高等院校开设R语言、数据科学等通识类课程的教材，也可供数据科学、R语言爱好者自学使用。

　　感谢为本书的编写提供直接或间接帮助的各位朋友。在编写过程中,李皓维、卢静、蒋方冰、廖云飞、陈晓瑜、罗叙卿参与了资料收集、案例测试等工作,北京交通大学"R 语言程序设计"选修课的同学们参与了本书的实验测试,并对教材内容进行了反馈,在此表示感谢。R 语言的实用性很强,同学们在今后的科研实践活动中能用得上,有些同学使用 R 语言参加建模方面的竞赛,获得一些成绩,作为教师非常高兴。面对日新月异的大数据时代,希望读者以此书为起点,学有所获,让学习常态化,不断进取。

　　在本书的编写过程中,编者总能发现有很多值得完善的地方,今后会在中国大学 MOOC 的在线课程中不断优化完善。由于水平和精力所限,书中难免有错误和不足之处,恳请广大读者批评指正。

周　围　崔濒月

2023 年 2 月

CONTENTS

目录

基 础 篇

进 阶 篇

基　础　篇

R 语言概述

◇ 1.1　认识 R 语言

1.1.1　R 语言是什么

20 世纪 80 年代，美国贝尔实验室推出 S 语言，它是一种用来进行数据探索、统计分析、作图的解释型语言。R 语言是基于 S 语言的一种实现，由新西兰奥克兰大学统计系 Ross Ihaka 和 Robert Gentleman 共同开发，因两人的名字都是以 R 开头，所以命名为 R 语言。由于大数据时代对数据处理软件的迫切需求，R 语言逐渐成为进行统计分析、数据挖掘、机器学习、数据可视化、办公处理等面向各领域的流行语言。R 语言的主要优点有以下几方面：

（1）R 语言是世界上使用广泛的统计编程语言，涵盖统计学、社会学、经济学、生态学、空间分析、生物信息学等诸多领域，深受科研工作者和数据科学家欢迎。

（2）R 语言在数据分析与数据挖掘方面具有强大功能，有多种数据结构，包括向量、矩阵、数据框、数组、列表和向量，能够快速、灵活地处理数据；有强大且全面的数据可视化功能，能够处理复杂数据的绘图任务。

（3）R 语言具备可扩展性和开放性，不仅提供功能丰富的内置函数，还可以编写自定义函数扩充功能，第三方扩展包数量庞大且不断增加。

（4）R 语言开源免费，具有跨平台性，可以在 Windows、macOS、Linux 等多种操作系统下运行，有庞大且活跃的全球性研究型社区进行维护。

1.1.2　R 语言与数据科学

统计学是通过搜索、整理、分析、描述等手段，推断所测对象的本质的一门综合性科学。统计学是一门很古老的学科，一般认为其学理研究始于古希腊的亚里士多德时代，迄今已有两千三百多年的历史。它起源于研究社会经济问题，在两千多年的发展过程中，统计学经历了多个发展阶段，其应用范围几乎覆盖了社会科学和自然科学的各个领域。

随着互联网与移动互联网技术及其应用的快速发展，大数据和用于大数据分析的机器学习正在对统计科学产生深刻的影响。与传统数据相比，大数据体量巨大,来源和种类繁多,几乎接近全样本。因此在大数据背景下,统计学的部分理论不再适用,机器学习与统计学的有机结合成为新的发展方向。

数据科学是从数据中提取有用知识的一系列技能和技术,是计算机科学、数学、统计学和各领域知识的交叉学科。1974 年,著名计算机科学家、图灵奖获得者 Peter Naur 在其著作中首次明确提出了数据科学(Data Science)的概念:"数据科学是一门基于数据处理的科学",并提到数据科学是解决数据(问题)的科学。2010 年,Drew Conway 提出了数据科学是统计学、机器学习和领域知识的交叉学科,具备较为显著的交叉型新兴学科的特点。早期的数据科学常依存于某一专业领域中的大数据研究中,如大数据医疗、大数据金融等,体现不同专业对数据科学的差异性认识和个性化应用。近年来,数据科学开始作为独立学科的形式存在,且与其他传统学科(如计算机科学、统计学、新闻学)并列,为不同专业中的数据科学研究奠定了理论基础。

R 语言是数据科学中一个重要的开源工具,在数据获取、数据预处理、数据探索、数据分析、数据挖掘、数据可视化、性能优化等一系列数据处理过程中表现突出。在数据获取上,R 语言提供了丰富的内置数据集,可以方便地从各种类型的数据源读写数据,生成数据进行模拟实验;在数据预处理上,R 语言可以对数据中的缺失值、异常值进行清洗、规范化和集成;在数据探索上,R 语言提供了丰富的函数和绘图功能,可以直观展示数据的概貌;在数据分析建模上,R 语言可以为数据建立多种模型,如回归、分类、聚类、关联等;在性能优化上,R 语言提供面向对象特性、并行处理等功能,大大提升了数据处理的效率。可以说,R 语言是一门支持数据科学的有力语言和工具,了解并掌握 R 语言是数据科学从业者的主要技能之一。

1.1.3 R 语言与计算思维

计算思维(Computational Thinking)由美国卡内基梅隆大学的 Jeannette M. Wing 教授于 2006 年首次提出,是指运用计算机科学的思维方式进行问题求解、系统设计以及人类行为理解等一系列的思维活动,包括算法、分解、抽象、概括和调试五个基本要素。计算思维的本质是抽象和自动化,如同人具备"读、写、算"的能力一样,计算思维是信息社会必须具备的思维能力。

R 语言程序由标识符、常数、变量、函数、语句和程序段等构成,体现了计算思维中的抽象;对数据的精确描述、按步骤执行等特点,体现了计算思维中的自动化;使用函数以及自定义函数,体现了计算思维中的算法。学习 R 语言程序设计,有助于读者从计算机语言的视角来领会数据问题求解的精妙,有利于思维的培养。

◆ 1.2 第一个 R 语言会话

1.2.1 开发环境配置

1. 软件下载与安装

R 语言开发的必备软件是 R,它是核心功能,包含基础包和基础开发环境,可从其官网下载,网址为 https://www.r-project.org。除此之外,推荐安装 RStudio,它是一个集成开发环境(Integrated Development Environment,IDE),集成了代码编写、分析、运行、查看结果等软件开发必要的功能,具有友好的交互式界面及跨平台能力,下载网址为 https://www.rstudio.com。R 语言开发环境的具体安装过程,见综合实验部分。

2. 工作空间管理

启动 RStudio 后可以看到各个功能区域,如图 1-1 所示。在各区域内可以编写 R 程序代码、显示执行结果、查阅帮助文档、查看对象信息等。RStudio 的工作空间(Workspace)表示当前的工作环境,主要工作包括管理工作目录、管理对象、读取与保存等。工作空间可以保存为.Rdata 文件,下次启动 RStudio 后可继续使用。常用于管理工作空间的 R 语言函数如表 1-1 所示。初学者对函数的使用不清楚时,可在">"提示符后输入"help()"或"?"字符,RStudio 会在右下角区域处显示帮助文档供用户查看。

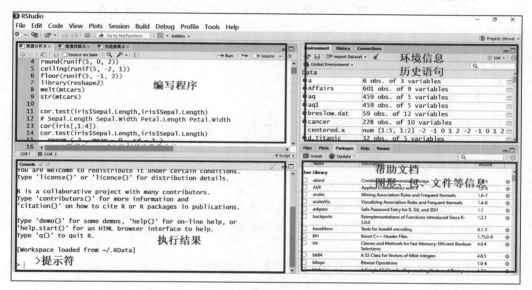

图 1-1　RStudio 界面

表 1-1　常用于管理工作空间的 R 语言函数

函　数	功　能
getwd()	显示当前工作路径
setwd()	设定工作路径
ls()	列出当前工作空间中的对象
rm()	移除一个或多个对象
help()	获得帮助信息
options()	显示或设置当前选项

续表

函　　数	功　　能
history()	显示最近使用过的函数
save.image()	保存工作空间到文件中
load()	读取一个工作空间到当前会话中
data()	列出当前加载包中所含的所有可用数据集
q()	退出R语言,并询问是否保存工作空间

在 RStudio 中保存文件,会保存到当前工作路径(Working Directory)中,它是 R 语言用来读取文件和保存结果的默认路径,可以通过 getwd()函数来查看当前工作路径,也可以通过 setwd()函数设置当前工作路径。如果需要读取一个不在当前工作路径中的文件,用户既可以在调用语句中输入完整的文件路径,也可以更改当前工作路径,然后读取文件。

1.2.2　程序编写运行

1. 书写规范

接下来开始学习第一个 R 语言程序"Hello,World!"。编写 R 语言代码时,首先注意以下几点。

(1) 字母大小写敏感。

(2) 变量命名:允许包含数字、字母、"."和"_";必须以字母或者"."开头;如果以"."开头,第二个字符不允许是数字;不要使用 R 的保留名。

(3) 代码的分割:可以用";"隔开;或另起一行;或通过大括号"{"和"}"来组成程序块。

(4) 注释:一行中,从"#"开始到句子收尾之间的语句是注释。

2. 命令提示符

配置好 R 语言环境后,启动 RStudio,会在左下区域中出现提示符">",即可开始输入程序,具体如下。

```
> myString <- "Hello, World!"
> print (myString)
[1] "Hello, World!"
> myString
[1] "Hello, World!"
> (myString <- "Hello, World!")
[1] "Hello, World!"
```

第一行语句先定义一个变量 myString,并将"Hello,World!"字符串赋值给这个变量。字符串用单引号或双引号分割都可以,但需要保持一致。"<-"是赋值符号,由左箭头和减号组成,相当于"="的作用。第二行语句使用 print()函数将变量 myString 的内容进行打印输出,出现的"[1] "Hello,World!""是输出内容。除了使用 print()函数输出结果外,还可以直接写变量名"myString"输出,或使用在语句外加"()"的方式,让变量赋值后直接显示结果。

特别提示:在编写代码时会使用很多符号,必须是英文输入法下的符号,中文的符号只能算是普通文本。在各种编程语言中,中文标点都只能被当作普通文本字符对待。代码中不应出现中文标点,否则会出现错误。

3. 脚本文件

使用 R 语言编写程序时,可以如上例所示在命令提示符处编写并执行程序,也可以先编写 R 语言脚本文件,然后执行文件。脚本语言(Scripting Language)是依靠解释器完成相应功能的一类计算机语言,通常以 ASCII 码文本格式保存源程序。脚本语言不需要编译,而是通过解释器对脚本进行解释,从而给出结果。脚本语言能用简单的代码完成复杂的功能,但是速度相对编译型语言较慢。编写好脚本文件后,在命令提示符下使用 R 语言解释器(称为 Rscript)来执行脚本文件。编写一个命名为 test.R 的脚本文件,内有如下代码。

```
#My first program in R Programming
myString <- "Hello, World!"
print (myString)
```

将上述代码保存为 test.R 文件后,可在 R 语言开发环境中执行。如下是 Linux 命令提示符下的执行方式,使用 Rscript 程序运行 test.R 脚本文件后,产生以下结果。

```
$ Rscript test.R
[1] "Hello, World!"
```

其他执行脚本文件的方法有:在 R 语言的命令提示符后通过 source()函数运行脚本文件,如 source("test.R");在 RStudio 中通过菜单"File>Open Script"打开脚本文件,使用"Run"菜单项来运行脚本;直接复制脚本文件,粘贴到 R 语言控制台上执行。

4. 运算符

和其他编程语言一样,R 语言提供了多种运算符,表 1-2 是 R 语言的基本运算符。

表 1-2　R 语言的基本运算符

类　　型	符　　号
赋值符号	<-、 =、 ->
数学运算符号	+、-、*、/、^(乘方)、%/%(整除)、%%(求余)

续表

类　型	符　号
比较运算符号	＞、＜、＜＝、＞＝、＝＝、！＝（结果为 TRUE 或 FALSE）
逻辑运算符号	&（逻辑与）、|（逻辑或）、！（逻辑非）

5. 函数

R 语言是一种解释性语言，输入后可直接给出结果。R 语言的功能主要由函数实现，通过配置函数的参数，可以实现复杂的处理。通过使用不同包中的函数的组合，可以完成各种功能。R 语言函数又分为"高级"和"低级"函数，高级函数可调用低级函数，这里的"高级"函数称为泛型函数，含有面向对象编程的思想，具体在后续章节介绍。

6. 注释

注释能帮助用户理解 R 语言程序，在实际执行程序时，注释部分被解释器忽略。单行注释使用"#"。R 语言不支持多行注释，但可使用"{ }"达到注释的效果，这是因为"{ }"中的代码虽然由 R 语言解释器执行，但不会干扰实际程序，可以起到注释的作用。

```
#My first program in R Programming
> if(FALSE) {
>    "This is a demo for multi-line comments, and it should be put inside
> either a single OR double quote."
> }
```

7. 获取帮助

R 语言提供了内置帮助系统，包含大量的帮助文档，提供当前已安装的 R 语言包中所有函数的描述、使用方法、参数介绍、函数细节及相关代码案例，可以通过 help()函数中的参数来调用。通过学习文档中的应用案例，有助于正确使用各种函数，提高编程能力。R 语言的内置帮助函数如表 1-3 所示。

表 1-3　R 语言的内置帮助函数

函　数	功　能
help.start()	打开帮助文档
help("plot")或者 ? plot	查看帮助（以 plot 函数为例，引号可以省略）
help.search("plot")或者 ?? plot	以 plot 为关键词搜索本地帮助文档
example("plot")	plot 函数的使用示例（引号可以省略）
RSiteSearch("plot")	以 plot 为关键词搜索在线文档
apropos("plot",mode="function")	列出名称中含有 plot 的所有可用函数

◆ 1.3　R 语 言 包

1.3.1　包的含义

　　R 语言的优势之一是其强大活跃的生态系统,数以万计的 R 语言包在各领域提供着丰富的服务。R 语言包(Package)是 R 语言函数、数据、预编译代码以一种定义完善的格式组成的集合。R 语言下载安装好后,自带基础包(base、datasets、utils、grDevices、graphics、stata、methods 等),这些包提供了函数和内置数据集。其他的第三方 R 语言包则需要用户自行安装加载,可在 R 语言官网上查询到大部分包的源代码和编译好的程序包。R 语言包储存的文件夹称为库(Library),既可以通过函数进行库的路径查询、下载、安装和载入,也可以通过 RStudio 菜单项中"Tools -> Install Packages"下载安装包。

1.3.2　包的安装和使用

　　包的安装是指从 R 语言官网中 CRAN(Comprehensive R Archive Network)镜像站点下载并将其放入本地的过程。使用 install.packages() 函数安装包,一个包仅需安装一次。使用 update.packages() 函数可以更新已经安装的包。使用 library() 函数载入包,才能使用包中的函数和数据集。很多的包提供了演示性的小型数据集和示例代码,方便用户快速熟悉函数功能。help() 函数显示函数的详细描述,help(package = "package_name")可以输出包的简短描述以及包中的函数和数据集名称列表。表 1-4 是常用管理包的函数。

表 1-4　常用管理包的函数

函　　数	作　　用
install.packages()	安装包
update.packages()	更新已经安装的包
library()、require()	加载包
library(help＝"package_name")	查看包的帮助
find.package()	查看当前环境中被加载的包
detach(package＝"package_name")	移除包
attach("数据集名")	将数据集加载

◆ 1.4　R 语言数据集

　　R 语言的内置数据集大多包含在名为 datasets 的 R 语言包中。该包是 R 语言的基础包,位于 R 语言的搜索路径中,可以直接调用。除了基础包中自带的一些数据集外,第三方 R 语言包也会包含一些数据集。例如,MASS 包中的 Boston 数据集和 Cars93 数据集等,可用来做分类、回归、聚类等功能实验或测试。以下列举了 6 个常用数据集。

（1）Iris 鸢尾花卉数据集是 R 语言内置数据集,包含 150 个数据样本,所有样本分为 3 个类别(分别为 setosa、versicolor 和 virginica),每类有 50 个样本数据,每个数据包含 4 个属性特征：花萼长度、花萼宽度、花瓣长度、花瓣宽度。Iris 是常用来做分类实验的数据集。

（2）Boston 房价数据集是 R 语言 MASS 包中的数据集,包含 506 个数据样本,每条样本包含房屋以及房屋周围的详细信息(如城镇犯罪率、一氧化碳浓度、住宅平均房间数、到中心区域的加权距离以及租房平均房价等属性),是常用来做回归预测问题的实验数据集。

（3）Auto 是 ISLR 包中的数据集,包含 392 个样本,每个样本包括国家、品牌、车身类型、里程等 8 个特征,是用来做聚类实验分析的代表性数据集,根据每种汽车的参数,利用聚类算法来进行聚类,识别出相似的汽车。

（4）Groceries 数据集,该数据集是某个杂货店一个月真实的交易记录,共有 9835 条消费记录,是常用来做关联规则挖掘的数据集。

（5）Airpassengers 数据集,包含某航空公司 1949—1960 年每月国际航线乘客数。

（6）Airquality 数据集,包含纽约 1975 年 5～9 月每日空气质量评估数据,用于做时间序列分析实验。

使用 data()函数查看数据集,以下代码中使用不同参数来获得不同数据集的列表信息。

```
> data()                                          #查看内置包中的数据集
> data(package = .packages(all.available = TRUE))  #查看所有包中的数据集
> data(Cars93, package ="MASS")                   #查看 MASS 包中的 Cars93 数据集
```

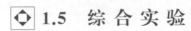

◆ 1.5　综 合 实 验

1.5.1　实验 1：R 语言软件安装

1. 实验目标

掌握 R 语言软件的下载和安装。

2. 实验内容

（1）浏览 R 语言软件官网。
（2）下载 R 语言软件。
（3）安装 R 语言软件。

3. 实验步骤

（1）浏览 R 语言软件官网。
R 语言软件官方网址为 https://www.r-project.org,如图 1-2 所示。进入官网后,左

侧的菜单项目包括 R 项目的介绍、使用规范、参考、日志、下载页面、R 基金会等信息。CRAN 是 R 语言全球主要镜像网站,方便用户找到最近的服务器进行下载。

The R Project for Statistical Computing

Getting Started

R is a free software environment for statistical computing and graphics. It compiles and runs on a wide variety of UNIX platforms, Windows and MacOS. To **download R**, please choose your preferred CRAN mirror.

If you have questions about R like how to download and install the software, or what the license terms are, please read our answers to frequently asked questions before you send an email.

News

- **R version 4.1.3 (One Push-Up) prerelease versions** will appear starting Monday 2022-02-28. Final release is scheduled for Thursday 2022-03-10.
- **R version 4.1.2 (Bird Hippie)** has been released on 2021-11-01.
- **R version 4.0.5 (Shake and Throw)** was released on 2021-03-31.
- Thanks to the organisers of useR! 2020 for a successful online conference. Recorded tutorials and talks from the conference are available on the R Consortium YouTube channel.
- You can support the R Foundation with a renewable subscription as a supporting member

News via Twitter

News from the R Foundation

[Home]

Download
CRAN

R Project
About R
Logo
Contributors
What's New?
Reporting Bugs
Conferences
Search
Get Involved: Mailing Lists
Get Involved: Contributing
Developer Pages
R Blog

R Foundation
Foundation
Board

图 1-2　R 语言官网首页

（2）下载 R 语言软件。

本书使用的 R 语言版本为 R 4.1.2 for Windows。根据操作系统不同,用户可选择安装 64 位或 32 位版本。Linux、macOS X 和 Windows 都有相应编译好的二进制版本,用户根据所选择平台的安装说明进行安装即可。这里以 Windows 操作系统下安装 R 语言为例,操作步骤如图 1-3～图 1-6 所示。

The R Project for Statistical Computing

Getting Started

R is a free software environment for statistical computing and graphics. It compiles and runs on a wide variety of UNIX platforms, Windows and MacOS. To download R, please choose your preferred CRAN mirror.

If you have questions about R like how to download and install the software, or what the license terms are, please read our answers to frequently asked questions before you send an email.

News

- **R version 4.1.2 (Bird Hippie)** has been released on 2021-11-01.
- **R version 4.0.5 (Shake and Throw)** was released on 2021-03-31.
- Thanks to the organisers of useR! 2020 for a successful online conference. Recorded tutorials and talks from the conference are available on the R Consortium YouTube channel.
- You can support the R Foundation with a renewable subscription as a supporting member

News via Twitter

News from the R Foundation

[Home]

Download
CRAN

R Project
About R
Logo
Contributors
What's New?
Reporting Bugs
Conferences
Search
Get Involved: Mailing Lists
Get Involved: Contributing
Developer Pages
R Blog

图 1-3　单击"To download R"

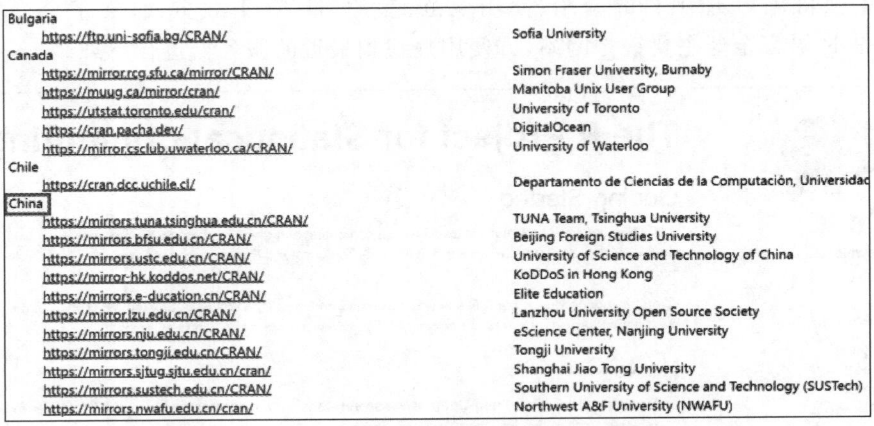

图 1-4　进入 CRAN 找到 China 后单击其任一镜像地址

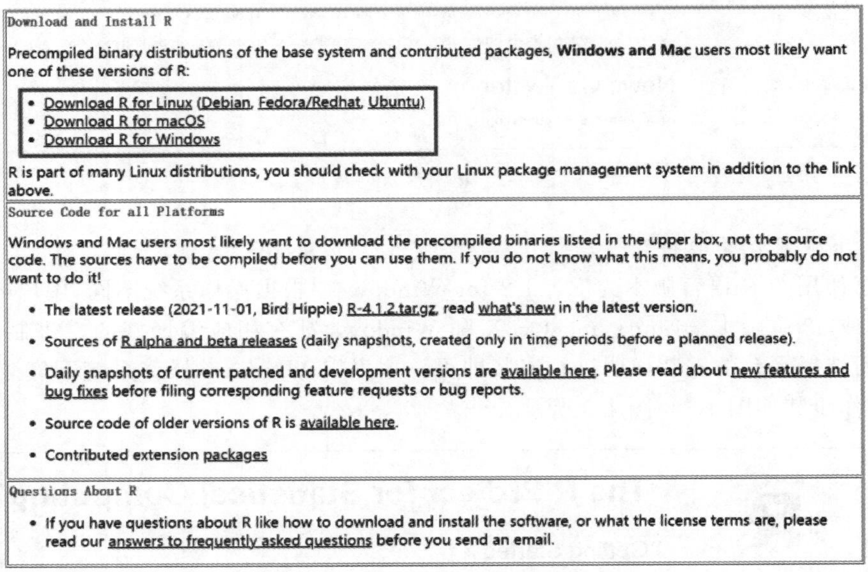

图 1-5　单击"Download R for Windows"

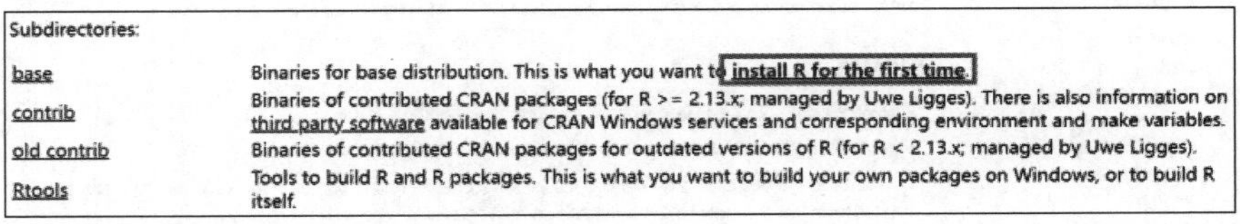

图 1-6　单击"install R for the first time"

（3）安装 R 语言软件。

这里以在 Windows 操作系统下安装版本号为 R 4.1.2 for Windows 的 R 语言为例，安装操作步骤如图 1-7～图 1-13 所示。

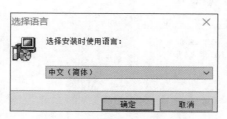

图 1-7　选择中文（简体）

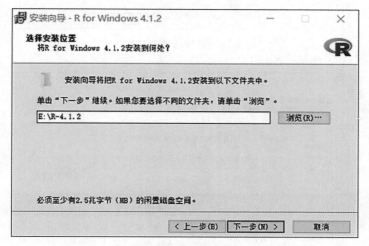

图 1-8　选择安装路径（不得包含中文名称）

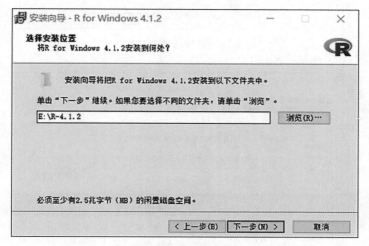

图 1-9　勾选 64 位系统

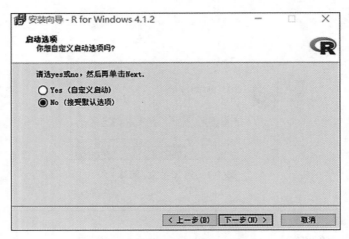

图 1-10　选择启动默认选项

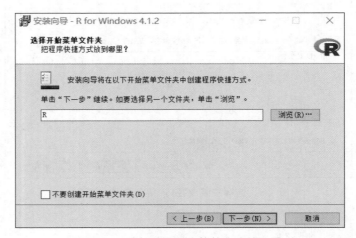

图 1-11　选择放置程序快捷方式的位置

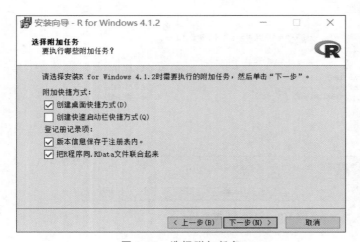

图 1-12　选择附加任务

图 1-13　安装结束

1.5.2　实验 2：RStudio 安装

1. 实验目标

掌握 RStudio 软件的下载和安装。

2. 实验内容

（1）浏览 RStudio 软件官网。
（2）下载和安装 RStudio 软件。
（3）RStudio 软件的使用。
（4）RStudio 的菜单和快捷方式。

3. 实验步骤

（1）浏览 RStudio 软件官网。

R 语言软件下载安装后，附带的开发环境功能较为简单。为了提高代码的编写效率，可选择 RStudio 软件作为开发工具。很多计算机语言有 IDE，如 VisualStudio 等。R 语言的脚本可在文本编辑器里编辑，如 Windows 自带的记事本、Notepad＋＋、UltraEdit、Linux 下的 Vi、Vim、Emacs 等。在代码较多的情况下，需要对行数、函数、括号、函数选项等进行高亮显示或设置成不同的颜色，以减少错误的发生。RStudio 在 R 语言的集成开发环境软件中使用最为广泛，官方网址为 https://www.rstudio.com/，页面如图 1-14 所示。RStudio 功能强大，产品较多，可浏览官网了解 RStudio 的特点和性能以及使用要求。

图 1-14　RStudio 官网页面

（2）下载和安装 RStudio 软件。

本书使用的 RStudio 的版本号为 RStudio Desktop 2021.09.1＋372，在 RStudio 官网找到下载页面，如图 1-15～图 1-18 所示，按步骤完成下载。

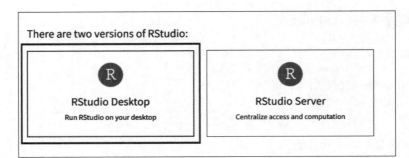

图 1-15   单击"RStudio Desktop"

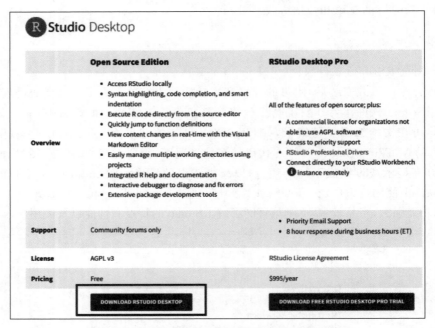

图 1-16   单击"DOWNLOAD RSTUDIO DESKTOP"

图 1-17   单击"DOWNLOAD"

图 1-18　选择下载

下载完毕后,打开安装包,按步骤完成 RStudio 的安装,如图 1-19～图 1-22 所示。安装注意事项:安装路径不能出现中文,且要和 R 语言安装在同一个父目录下。

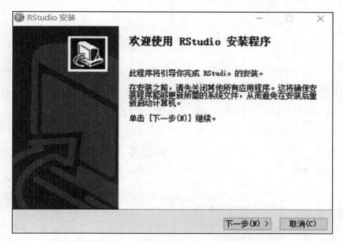

图 1-19　下载完成后进入安装向导

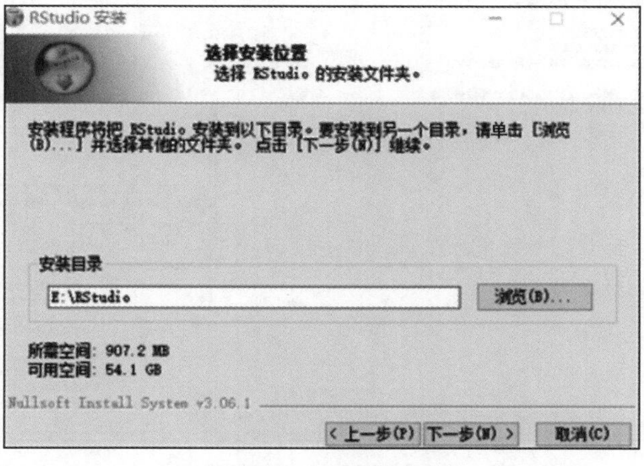

图 1-20　选择安装路径

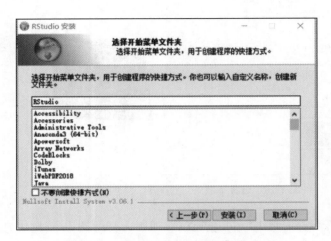

图 1-21　选择默认项开始安装　　　　图 1-22　安装成功显示
　　　　　　　　　　　　　　　　　　　　　　　快捷方式图标

（3）RStudio 软件的使用。

启动 RStudio 的环境如图 1-23 所示。左侧为与启动 R 语言相同的带有提示符的窗口；右上侧为"环境"和"历史"窗口。环境是指当前 R 语言的运行环境，也称为工作空间，在使用过程中所创建的变量、数据都在这里列出，用户在使用过程中输入的函数则在"历史"子窗口中列出。右下侧包括"文件""绘图""扩展包""帮助""视图"等子窗口，相关功能可在程序执行后查看。除此之外，RStudio 还有很多默认没有显示的子窗口，可通过顶部菜单 View 中的选项显示。

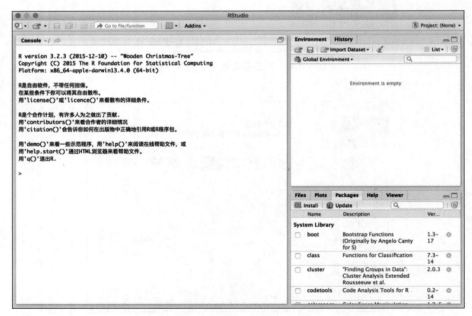

图 1-23　RStudio 初始页面

在退出时,R 语言和 RStudio 都会默认弹出窗口询问是否保存工作空间,如果选择"保存",则 R 语言或 RStudio 会保存全部的变量、数据等,下次打开时还可继续使用而不必再次输入。

4. RStudio 的菜单和快捷方式

RStudio 的操作窗口主要由菜单栏、快捷键工具栏、脚本编写窗口、环境管理窗口、代码命令行窗口及资源管理窗口构成,菜单栏如图 1-24 所示。其中,脚本编写窗口、环境管理窗口、代码命令行窗口的位置以及资源管理窗口的大小均可通过拖动鼠标来调整。

图 1-24　RStudio 菜单项

① File(文件)菜单提供了 R 语言脚本及工程的创建、打开与保存功能。

② Edit(编辑)菜单与普通的编辑菜单类似,提供代码的复制、粘贴等功能。

③ Code(编码)菜单包含了简单的代码块创建、注释与取消注释、运行等功能。

④ View(视图)菜单主要提供了各个窗口的切换及设置等功能。

⑤ Plots(绘图)菜单在绘制图像时可用。

⑥ Session(会话)菜单提供了 RStudio 与 R 语言之间连接设置的功能,如重新连接 R 语言、终止 R 语言连接等。

⑦ Build(搭建)菜单主要在 RStudio 中进行 Package 等开发时使用。

⑧ Debug(调试)菜单用于对 RStudio 中程序代码的调试。

⑨ Profile(分析器)菜单提供 R 语言脚本加入到项目的功能。

⑩ Tools(工具)菜单提供了一些实用功能,如数据集的导入、Package 的安装与升级、DOS 形式的 R 语言命令行界面及全局设置。

⑪ Help(帮助)菜单提供了 R 语言与 RStudio 的使用帮助。

另外,RStudio 有一些常用快捷键,掌握这些快捷键可以提高编码效率。例如:Ctrl+R 可以替代 Run 的功能,执行选中多行或者光标所在单行的代码;Ctrl+Shift+N 可以创建空白文本;Ctrl+O 可以打开文件选择器;Ctrl+L 可以清除 R 语言命令行控制台的屏幕内容;Ctrl+Shift+R 可以在光标行插入 section 标签。

1.5.3　实验 3:编写"Hello World!"程序

1. 实验目标

掌握编写 R 语言程序的基本规范;熟悉 RStudio 软件的功能。

2. 实验内容

(1) 通过命令行交互式方式、编写脚本文件方式,编写并执行 R 语言程序"Hello

World!"。

(2) 练习使用 help()函数,查看帮助文档,熟悉本章介绍的函数。

3. 实验步骤

参看 1.2 节。

1.5.4 实验 4：工作空间的管理和使用

1. 实验目标

掌握 RStudio 工作空间的管理和使用。

2. 实验内容

(1) 工作目录的管理。
(2) 工作空间的管理。

3. 实验步骤

(1) 工作目录的管理。

工作空间就是当前 R 语言的工作环境,它储存着用户定义的对象,主要工作包括管理工作目录、管理对象、读取与保存等。在提示符下通过 setwd()函数可以设置工作目录,如"D:/MyDrivers",其中,D 为 D 盘,MyDrivers 为工作路径,按回车键运行即可设置。右下角区域中的 Files 标签,可以显示出该工作目录下的文件。另外,还可以通过菜单"Session -> Set Working Directory->Choose Directory"交互式设定工作目录。在提示符后输入 getwd() 函数,按回车键运行,显示当前的 R 语言工作目录,如图 1-25~图 1-27 所示。

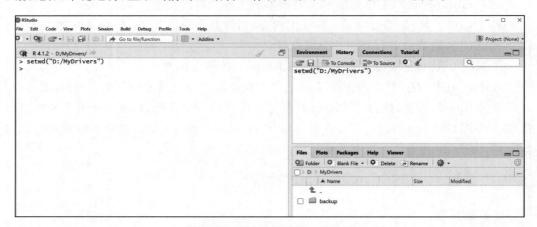

图 1-25　通过函数设置工作目录

使用 Windows 的文件管理器在"D:/MyDrivers"下新建一个 backup 文件夹,则在 RStudio 右下区域内会显示出这个新目录。可以通过函数创建文件目录,如在提示符后输入 dir.create("D:/MyDrivers/project1")函数创建子目录。可以通过 setwd()设置使

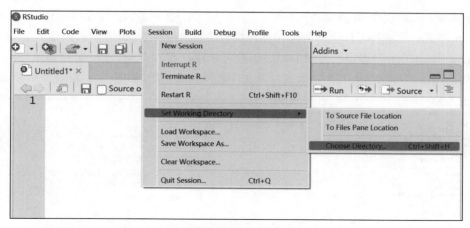

图 1-26　通过菜单设置工作目录

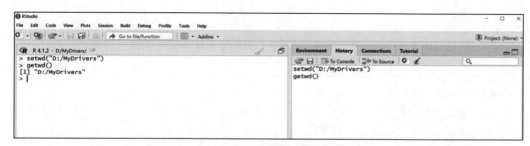

图 1-27　通过函数显示当前工作目录

用新的工作目录为当前工作目录,如图 1-28 所示。

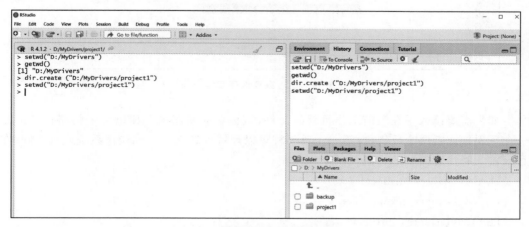

图 1-28　通过函数新建目录

（2）工作空间的管理。

在 RStudio 中编写代码,生成两个对象分别为 a 和 b,输入 save.image（"mywork.RData"）函数,即可保存工作空间,其中,mywork 为文件名,.RData 为默认扩展名。在"D:/

MyDrivers/project1"中可查看所保存的工作空间,也可以通过菜单"Session → Save Workspace As…"进行工作空间的保存。若只想保存指定对象,如保存 a,则输入 save(a,file ＝"mywork-a.RData")即可。使用 load()函数可调用已保存对象,还可通过菜单"Session→ LoadWorkspace"将保存的工作空间或对象文件名调出来使用,如图 1-29 和图 1-30 所示。

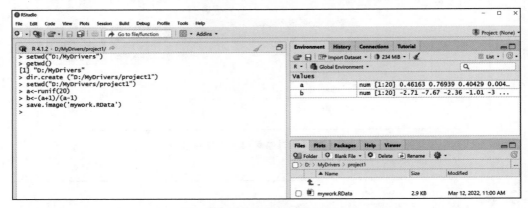

图 1-29　通过函数保存工作空间

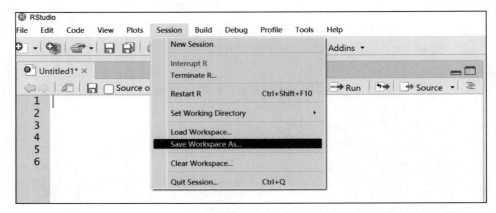

图 1-30　通过菜单保存工作空间

　　如果需要读入不在当前工作目录的文件,需标明完整路径。R 语言中的路径一般是一个正斜杠或者两个反斜杠(第一个反斜杠可以理解为转义),不同操作系统或有不同,在目录输入时注意斜杠的使用:

D:\MyDrivers\project1（×）

D:/MyDrivers/project1(√)

D:\\MyDrivers\\project1 (√)

1.5.5　实验 5：使用 rmarkdown 包

1. 实验目标

掌握包的下载安装函数和方法;了解 rmarkdown 包的使用方法。

2．实验内容

（1）安装 rmarkdown 包。
（2）使用 rmarkdown 创建 word 文档。

3．实验步骤

（1）安装 rmarkdown 包。

Markdown 是一种新型标记语言，简称 md，它使用易读易写的纯文本格式编写文档，具有轻量化、跨平台的特点。R 语言通过第三方包支持 Markdown 语言。首次使用时需要安装包，因为 Markdown 和 knitr 包有关联，所以需要一起安装。第三方包安装过程中需注意其反馈的信息，若提示 Warning，表明可以使用但在后续使用时需要注意；若提示 Error，表明安装有错误，需要查阅包的官网确认安装版本、关联包等要求，如图 1-31 所示。

```
> install.packages("knitr")              #安装 knitr 包
> library(knitr)                          #调用 knitr 包
> install.packages("rmarkdown")          #安装 rmarkdown 包
> library("rmarkdown")                    #调用 rmarkdown 包
```

```
> install.packages("knitr")
WARNING: Rtools is required to build R packages but is not currently install
ed. Please download and install the appropriate version of Rtools before pro
ceeding:

https://cran.rstudio.com/bin/windows/Rtools/
将程序包安装入'C:/Users/jy/Documents/R/win-library/4.1'
(因为'lib'没有被指定)
trying URL 'https://cran.rstudio.com/bin/windows/contrib/4.1/knitr_1.38.zip'
Content type 'application/zip' length 1486994 bytes (1.4 MB)
downloaded 1.4 MB

package 'knitr' successfully unpacked and MD5 sums checked

The downloaded binary packages are in
        C:\Users\jy\AppData\Local\Temp\Rtmpgv90yF\downloaded_packages
> library(knitr)
warning message:
程辑包'knitr'是用R版本4.1.3 未建造的
> install.packages("rmarkdown")
WARNING: Rtools is required to build R packages but is not currently install
ed. Please download and install the appropriate version of Rtools before pro
ceeding:

https://cran.rstudio.com/bin/windows/Rtools/
将程序包安装入'C:/Users/jy/Documents/R/win-library/4.1'
(因为'lib'没有被指定)
trying URL 'https://cran.rstudio.com/bin/windows/contrib/4.1/rmarkdown_2.13.
zip'
Content type 'application/zip' length 3709896 bytes (3.5 MB)
downloaded 3.5 MB

package 'rmarkdown' successfully unpacked and MD5 sums checked

The downloaded binary packages are in
        C:\Users\jy\AppData\Local\Temp\Rtmpgv90yF\downloaded_packages
> library(rmarkdown)
warning message:
程辑包'rmarkdown'是用R版本4.1.3 未建造的
> |
```

图 1-31　安装 rmarkdown 包的系统提示示例

（2）使用 rmarkdown 创建 word 文档。

在 RStudio 菜单中使用"File -> New File -> R Markdown"，在弹出的对话框中选择 Document，默认输出格式勾选 word，填写（也可以不填）文档的标题和作者，单击 OK 按钮确认，打开一个新建文件窗口。这是 markdown 模板，已经填了一些内容，可以帮助用户创建自己的 md 文件，如图 1-32 和图 1-33 所示。md 文档中通过"♯"来设立标题，一个"♯"是一级标题，两个"♯"是二级标题，以此类推，md 文档支持六级标题。按照 md 规范在初始的文档中增加内容，保存文件，单击工具栏 Knit 按钮，就会得到一份由 md 生成的 Word 文档。如果在 Word 中直接写代码文档，则代码和结果反复复制粘贴到 Word 中，不但容易出错，后续还要调整格式，工作量大。因此，用 md 方式进行书写非常方便，优点很多。

图 1-32　创建 md 文件

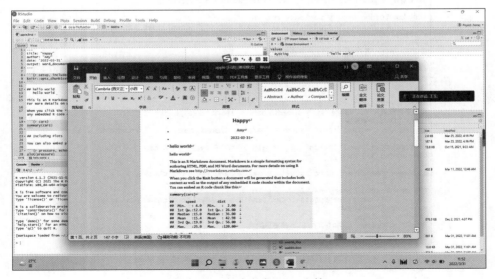

图 1-33　自动生成 word 文档

◆ 思考与练习

一、单选题

1. R 语言最初是由哪所大学的学者创建的？（　　）
   A. 奥克兰大学　　　　　　　　　　B. 斯坦福大学
   C. 麻省理工学院　　　　　　　　　D. 加州大学伯克利分校

2. 下面哪个不是 R 语言的赋值符号？（　　）
   A. =　　　　　　B. ==　　　　　　C. ->　　　　　　D. <-

3. 以下函数不能直接查看 plot()函数的帮助文档的是（　　）。
   A. ? plot　　　　　　　　　　　　B. ?? plot
   C. help(plot)　　　　　　　　　　D. help("plot")

4. R 语言的注释符是（　　）。
   A. ~　　　　　　B. @　　　　　　C. #　　　　　　D. $

5. R 语言中的数据结构包括（　　）。
   A. 向量　　　　　　B. 矩阵　　　　　　C. 数组　　　　　　D. 以上全是

二、多选题

1. 语言 R 语言的特点有（　　）。
   A. 统计编程语言　　　　　　　　　B. 程序在内存中运行
   C. 解释型语言　　　　　　　　　　D. 编译型语言

2. 以下 R 语言包的加载方式正确的是（　　）。
   A. require()函数　　　　　　　　　B. install()函数
   C. libPaths()函数　　　　　　　　　D. library()函数

3. 以下关于 R 语言的优点正确的是（　　）。
   A. 庞大且活跃的社区维护
   B. 可扩展能力强,灵活度高
   C. 多平台运行,如 Windows、Linux、macOS X
   D. 专业数据分析领域的标准工具

4. IDE 的含义是（　　）。
   A. Integrated Development Environment
   B. 集成开发环境
   C. 软件开发接口
   D. 信息分布环境

5. 用于管理 RStudio 工作空间的 R 语言函数是（　　）。
   A. getwd()显示当前工作文件夹
   B. setwd()设定工作文件夹

    C. ls()列出当前工作空间中的对象

    D. help(options)显示选项的帮助信息

三、思考题

1. 熟悉 R 语言相关网站和软件,浏览 R 语言相关论坛,思考 R 语言的优缺点。

2. 简述 R 语言的特点。

第 2 章

数 据 对 象

◆ 2.1 数 据 类 型

2.1.1 数据类型分类

通常,无论使用何种语言编写程序,均需要使用变量来存储信息。当创建一个变量时,内存会分配一些空间,让变量来存储这些信息,如字符、整数、浮点数、逻辑值等。每种编程语言都有其不同的数据类型,R 语言中常见的基本数据类型包括数值型(numeric)、字符型(character)、逻辑型(logical)、复数型(complex)、特殊值,如表 2-1 所示。

表 2-1 R 语言中常见的数据类型、特点及示例

数据类型	特点及示例
数值型	能够进行数学运算的数字,如 12.3,5,999
字符型	表示文本数据,需放在单引号或双引号之间,如'a',"TRUE",'23.4'
逻辑型	逻辑型有两个取值：TRUE 和 FALSE,简写为 T 和 F
复数型	复数型由实数和虚数构成,类似数学上的复数概念,如 3 + 2i,complex(3，2)
特殊值	NA：表示缺失值(Missing value),"Not Available" Inf：表示无穷大,"Infinite" NaN：表示非数值,"Not a Number" NULL：表示空值,没有内容

2.1.2 数据类型的转换

R 语言中存在多种基本数据类型,在实际应用中,有时需要将一种数据类型强制转换为另外一种类型,以满足实际计算需求。表 2-2 列出了常用不同数据类型的辨别与转换函数。

表 2-2　数据类型的辨别与转换函数

数 据 类 型	辨 别 函 数	转 换 函 数
数值型	is.numeric()	as.numeric()
字符型	is.character()	as.character()
逻辑型	is.logical()	as.logical()
复数型	is.complex()	as.complex()
整数型	is.integer()	as.integer()
浮点型	is.double()	as.double()
特殊值	is.na()	as.na()

辨别函数主要用于判断数据类型,例如,is.numeric()函数用于判断对象是否为数值型数据;转换函数主要用于执行数据类型转换,例如,as.numeric()函数用于将括号中的参数转换为数值型,以此类推。

```
>a1 <- 3.14
>is.numeric(a1)                        #判断 a1 是否为数值型数据
[1] TRUE
>is.integer(a1)                        #判断 a1 是否为整数型数据
[1] FALSE
>is.double(a1)                         #判断 a1 是否为浮点型数据
[1] TRUE
>as.integer(a1)                        #将 a1 转换为整数型数据
[1] 3
>as.logical(a1)                        #将 a1 转换为逻辑型数据
[1] TRUE
```

2.1.3　数据类型的查看

对于未知类型的数据,通常需要调用函数来查看其具体所属类型。常用的函数有 3 个,分别是 mode()、class()和 typeof()。这 3 个函数各有侧重,具体如下。

(1) mode()函数：查看数据的大类,如数值型、字符型、逻辑型等。

(2) class()函数：查看数据的结构类型,如矩阵、列表、因子、数据框等。

(3) typeof()函数：查看数据的细类,即对数据类型的细分,如整数型、浮点数型等。

由此可见,以上 3 个函数在展现数据的细节上,具有 mode()＜class()＜typeof()的关系。

```
> gl(1, 2)                             #新建一个因子(因子的概念见后面小节)
[1] 1 1
Levels: 1
```

```
> mode(gl(1, 2))                    #查看数据的大类,显示为数值型
[1] "numeric"
> class(gl(1, 2))                   #查看数据的结构类型,显示为因子
[1] "factor"
> typeof(gl(1, 2))                  #查看数据的细类,显示为整数型
[1] "integer"
```

该例以因子为例(因子的概念后面会详述,此处只需要知道因子的类为"factor"),依次使用 mode()、class() 和 typeof() 这三个函数来进行判断。从结果可知,mode() 函数显示 gl(1,2) 的类型属于数值型,class() 函数显示 gl(1,2) 的结构属于因子,typeof() 函数较以上两个函数更加细化,显示 gl(1,2) 属于整数型数据。

◇ 2.2　数据结构

R 语言的数据对象,也称为数据结构,主要包括向量(vector)、矩阵(matrix)、数组(array)、数据框(data frame)、列表(list)、因子(factor)等。这些对象中最简单的是向量对象,其他 R 语言对象则是建立在向量之上。数据对象的区别与联系如表 2-3 所示,结构示意如图 2-1 所示。

表 2-3　主要数据结构的比较

名　　称	结 构 特 点	元素是否多种数据类型	元素的数据类型
向量	最基本的数据结构,一维数组		
矩阵	二维数组	否	
数组	多维数组		数值型、字符型、逻辑型、复数型
数据框	常用的数据结构,二维		
列表	多种数据结构的集合	是	
因子	特殊的向量	否	数值型和字符型

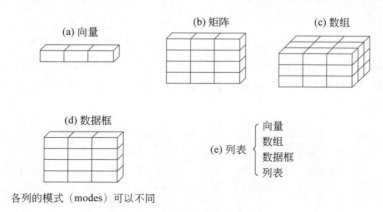

图 2-1　主要数据结构

◆ 2.3　向　量

向量是 R 语言中最基本的数据结构,它以一维数组的方式管理数据,元素的数据类型可以是数值型、字符型、逻辑型和复数型。向量可以只包含一个元素,也可以包含多个元素。注意:向量具有类型一致性,即一个向量的所有元素都必须属于相同的数据类型;如若不是,R 语言将强制执行类型转换。本节将从向量的概念出发,详细讲解向量的创建、索引、编辑、排序等操作。

2.3.1　创建向量

在 R 语言中通常使用 c() 函数来创建向量。函数 length(x) 主要用于统计 x 中元素的个数,其中 x 可以是向量、因子或列表。

```
> x1 <- c(1, 2, 3, 4)                    #创建数值型向量
> x2 <- c("a", "b", "c", "d")            #创建字符型向量
> x3 <- c(TRUE, FALSE, FALSE, TRUE)      #创建逻辑型向量
> w <- c(1, 3, 5, 7)                     #创建数值型向量
> length(w)                              #统计向量 w 的个数
[1] 4
> mode(w)                                #查看向量 w 的数据类型
[1] "numeric"
```

对于连续序列的向量,可通过":"运算符快速生成指定范围内的数值构成的向量,其中":"的左侧和右侧分别代表 from 和 to。

```
> (b <- 1:4)
[1] 1 2 3 4
> (c <- 1:4 + 1)                         #注意并思考":"和"+"的执行顺序
[1] 2 3 4 5
> (c <- 1:(4 + 1))
[1] 1 2 3 4 5
```

对于等差序列向量,使用 seq() 函数产生等距间隔的序列,即等差数列。其基本形式为 seq(from,to,by,length,…)。其中,from 表示等差数列的首项数据;to 表示等差数列的尾项数据;length 表示产生向量的长度;by = ((to − from)/(length − 1)),表示等差的数值,默认为 1。

```
> seq(1, -9)                             #默认等差数列的公差为 1
 [1]  1  0 -1 -2 -3 -4 -5 -6 -7 -8 -9
> seq(1, -9, length = 5)                 #可由公式 by 算出公差
[1]  1.0 -1.5 -4.0 -6.5 -9.0
```

```
> seq(1, -9, by = -2)
[1]  1 -1 -3 -5 -7 -9
> seq(1, 10, 2)                          #若不指定长度,关键词 by 可省略
[1] 1 3 5 7 9
```

对于重复序列向量,使用 rep() 函数,其基本形式为 rep(x,times,each,…)。其中,x 表示预重复的序列;times 表示 x 序列整体重复的次数;each 表示 x 中每个元素依次重复的次数。若只给出一个数字表示重复次数,则 rep() 函数默认关键词为 times。

```
> (rep(1:4, 2))
[1] 1 2 3 4 1 2 3 4
> (rep(1:4, each = 2))
[1] 1 1 2 2 3 3 4 4
> (rep(1:4, c(2, 2, 2, 2)))
[1] 1 1 2 2 3 3 4 4
> (rep(1:4, c(2, 1, 2, 1)))
[1] 1 1 2 3 3 4
> (rep(1:4, each = 2, len = 4))
[1] 1 1 2 2
> (rep(1:4, each = 2, times = 3))
 [1] 1 1 2 2 3 3 4 4 1 1 2 2 3 3 4 4 1 1 2 2 3 3 4 4
```

2.3.2　向量的运算

R 语言强大的功能之一就是函数的向量化。以数值向量的算术运算为例,函数的作用范围不是一个元素,而是全体元素的向量,对向量中各元素进行计算。因此,R 语言可以将循环的操作简化为一个函数,减少代码量,运算效率更高。

在实际使用过程中,会遇到两个向量的长度不同的情况。R 语言的处理办法是循环补齐,也就是将较短的向量循环来进行补齐。

```
> (w <- seq(1:10))
 [1]  1  2  3  4  5  6  7  8  9 10
> (x <- sqrt(w))                          #使用开根号函数
 [1] 1.000000 1.414214 1.732051 2.000000 2.236068 2.449490 2.645751 2.828427
3.000000 3.162278
> (w1 <- c(2, 3, 2, 3))
[1] 2 3 2 3
> (w2 <- c(3, 1, 4, 2, 5, 3))
[1] 3 1 4 2 5 3
> (w <- w1 + w2)                          #向量相加
[1] 5 4 6 5 7 6
Warning message:
```

```
In w1 + w2 :
   longer object length is not a multiple of shorter object length
> c(1, NA, 3) + c(NA, 1, 3)                          #含缺失值的算术运算
[1] NA NA   6
```

本例两个向量 w1 和 w2 的长度不等,进行加法运算时,遵循循环补齐原则。即当 w1 的四位元素分别与对应的 w2 的前四位元素相加后,w1 的元素循环继续与 w2 做加法运算,即 w1 的第一位与 w2 的第五位做加法运算,w1 的第二位与 w2 的第六位做加法运算。注意:算术运算时如果有缺失值 NA,缺失元素参加的运算相应结果仍为缺失值。

2.3.3　向量的索引

索引,也称之为子集、下标或切片,是把向量中的个别或部分元素检索出来形成子向量。索引是 R 语言中最重要和最常用的运算,常用方括号"[ ]"来实现。例如,向量1[向量2],表示向量1中索引为向量2的那些元素。图 2-2 展示了索引与向量中元素的对应关系。注意:向量的第一个元素位置是 1,而不像其他某些语言一样是 0。

向量:	a	t	c	b	f	g	h
索引:	1	2	3	4	5	6	7

图 2-2　索引与向量中元素的对应关系

R 语言中提供多种索引方法:给向量传入正数,它会返回此位置上的向量元素切片;给向量传入负数,它会返回除了这些位置以外的所有元素切片;给向量传入一个逻辑向量,它会返回一个只包含索引为 TRUE 的元素切片;对于已命名的向量,给向量传入命名的字符向量,将会返回包含这些名字的元素切片。索引的部分表示格式如表 2-4 所示。

表 2-4　向量索引格式

索 引 格 式	描　　述
x[n]	第 n 个元素
x[-n]	除了第 n 个元素的 x
x[1 : n]	前 n 个元素
x[-(1 : n)]	第 n ＋ 1 至最后的元素
x[c(1, 4, 2)]	指定元素
x["name"]	名为"name"的元素
x[x > 3]	所有大于 3 的元素
x[x > 3 & x < 5]	区间(3,5)的元素
x[x %in% c("a", "and", "the")]	给定组中的元素

```
> #三种索引方法都将返回相同的值
> x <- c(2, 4, 6, 8, 1)
> x[c(1, 3, 5)]
[1] 2 6 1
> x[c(-2, -4)]
[1] 2 6 1
> x[c(TRUE, FALSE, TRUE, FALSE, TRUE)]
[1] 2 6 1
> #如果给每个元素命名,该方法也将返回相同的值
> names(x) <- c("one", "two", "three", "four", "five")
> x[c("one", "three", "four")]
  one  three  four
    2      6     8
> #混合使用正负值是不允许的,会抛出一个错误
> x[c(1, -1)]
Error in x[c(1, -1)] : only 0's may be mixed with negative subscripts
```

which()函数也是生成子向量的函数,其参数是条件表达式,返回值是符合条件的元素的位置信息。which.min(x)和 which.max(x)分别是 which(min(x))和 which(max(x))的简写。

```
> x <- c(2, 4, 6, 8, 1)
> which(x>3)              #返回 x>3 的元素的位置信息
[1] 2 3 4
> which.min(x)            #返回最小值的位置
[1] 5
> which.max(x)            #返回最大值的位置
[1] 4
```

基于索引,R 语言可以进行一系列的操作。例如向量编辑,是对已经创建好的向量进行元素扩展及删除等操作,筛选符合条件的值。此外,针对一些特殊值,如 NA 表示缺失值、NULL 表示不存在的值,R 语言也存在相应的规定。

```
> x <- c(1, 2, 3, 4)
> (x <- c(x, c(5, 6, 7)))     #向量扩展
[1] 1 2 3 4 5 6 7
> (x <-  x[-1])               #向量中元素的删除通过减号加元素下标的形式实现
[1] 2 3 4 5 6 7
> (x <- x[c(3:5)])            #多个元素的删除
[1] 4 5 6
>#NA 值:缺失值
> x <- c(2, 4, 6, NA)
> mean(x)
```

```
[1] NA
> mean(x, na.rm = T)                              #特殊值处理
[1] 4
> x[x > 2]                                        #在向量中筛选符合条件的值
[1]   4   6 NA

> #NULL:不存在的值
> x <- c(2, 4, 6, NULL)
> mean(x)
[1] 4

> #subset() 函数可以自动过滤 NA 值
> x <- c(2, 4, 6, 8, 1, NA)
> subset( x, x > 5)
[1] 6 8
```

2.3.4 向量的排序

R 语言主要使用 sort()函数对向量进行排序，sort(x, decreasing = FALSE，na.last = NA，…)函数中各参数格式如表 2-5 所示。

表 2-5 sort()函数常用参数

常用参数	参数描述	选 项
x	排序的对象	排序的对象为数值型，也可以是字符型
decreasing	排序的顺序	默认设置为 FALSE，即升序排序；设置为 TRUE 时，为降序排序
na.last	是否将缺失值放到序列的最末尾	默认设置为 FALSE，设置为 TRUE 时将向量中的 NA 值放到序列的最末尾

```
> w1 <- c("张三", "李四", "王五")
> sort(w1)
[1] "李四" "王五" "张三"
> w2 <- c(3, 2, 4, NA, 1, 5)
> sort(w2)                                        #向量排序
[1] 1 2 3 4 5
> sort(w2, na.last = TRUE)                        #向量排序
[1]   1   2   3   4   5 NA
```

◆ 2.4 矩   阵

2.4.1 创建矩阵

R 语言中的矩阵基本等同于数学中的矩阵。矩阵用于描述二维数据，和向量类似，其

内部元素可以是实数、复数、字符、逻辑型数据,表示为 A[i, j]的形式,A[i, j]即为矩阵 A 中第 i 行、第 j 列的元素。使用 matrix()函数创建矩阵,它有 3 个参数,分别是元素、行数和列数。一般来说,matrix(w, nrow, ncol, byrow) 函数以向量形式输入矩阵中的全部元素 w,用 nrow 和 ncol 规定行数和列数,向量元素填充矩阵的次序默认是按列填充,如若需要按行填充,需将参数 byrow 的值设置为 TRUE。

```
> (w <- seq(1:10))
 [1]  1  2  3  4  5  6  7  8  9 10
> (a <- matrix(w, nrow = 5, ncol = 2))        #给定行和列的值,默认按列填充
     [,1] [,2]
[1,]    1    6
[2,]    2    7
[3,]    3    8
[4,]    4    9
[5,]    5   10
> (a <- matrix(w, nrow = 5, ncol = 2, byrow = T))   #给定行和列的值,按行填充
     [,1] [,2]
[1,]    1    2
[2,]    3    4
[3,]    5    6
[4,]    7    8
[5,]    9   10
```

注意:在创建矩阵时,可使用 dimnames()设置行和列的名称。使用 colnames()函数给矩阵的每一列命名,也可以访问矩阵列名;使用 rownames()函数给矩阵的每一行命名,也可以访问矩阵行名。

```
> w <- seq(1:10)
> (a <- matrix(w, nrow = 5, ncol = 2, byrow = T, dimnames =  list( LETTERS[1:5],
        paste0("L", 1:2))))
  L1 L2
A  1  2
B  3  4
C  5  6
D  7  8
E  9 10
> rownames(a) <- LETTERS[1:5]
> colnames(a) <- c(11, 22)
> colnames(a) <- paste0("L", 1:2)
```

2.4.2 矩阵的合并

使用函数 cbind()和 rbind()进行两个矩阵的合并,c 和 r 分别代表列 col 和行 row。

cbind()函数是把其所有元素横向(按照列)拼成一个大矩阵,元素可看作列的向量,其高度(行数)应该相等。rbind()函数是把其元素纵向(按照行)拼成一个大矩阵,元素可看作行的向量,其宽度(列数)应该相等。注意:如果合并元素的高度(行数)或宽度(列数)不相等,则较短的矩阵先循环补足后再进行矩阵合并操作。

```
> (x1 <- cbind(c(1, 2), c(3, 4), c(4, 5)))
     [,1] [,2] [,3]
[1,]    1    3    4
[2,]    2    4    5
> (x1 <- rbind(c(1, 2), c(3, 4), c(4, 5)))
     [,1] [,2]
[1,]    1    2
[2,]    3    4
[3,]    4    5

> #循环补足后合并
> cbind(x1, 1)
     [,1] [,2] [,3]
[1,]    1    2    1
[2,]    3    4    1
[3,]    4    5    1
```

很多数据以矩阵的形式存储,为方便大规模统一处理数据,有时会将矩阵变为向量方式,称为拉直操作,可采用函数 as.vector()将矩阵的二维(行和列)数据转换为一维向量。

```
> (A <- matrix(1:6, 2, 3))
     [,1] [,2] [,3]
[1,]    1    3    5
[2,]    2    4    6
> as.vector(A)
[1] 1 2 3 4 5 6
```

2.4.3 矩阵的运算

R 语言中有丰富的矩阵运算函数,包括四则运算、对矩阵各行列的求和、求均值、转置等,常用函数如表 2-6 所示。

表 2-6 矩阵运算常用函数

函 数	功 能
＋ － ＊ ／	四则运算,要求矩阵的维数相同,对应位置的各元素进行运算
colSums()	对矩阵的各列求和
rowSums()	对矩阵的各行求和

续表

函　　数	功　　能
colMeans()	对矩阵的各列求均值
rowMeans()	对矩阵的各行求均值
t()	对矩阵的行列进行转置
det()	求解方阵的行列式
outer()	求解矩阵的外积(叉积)
%*%	矩阵乘法,要求第一个矩阵的列数与第二个矩阵的行数相同
diag()	对矩阵取对角元素
solve()	对矩阵求解逆矩阵,要求矩阵可逆
nrow()	返回矩阵行数
ncol()	返回矩阵列数

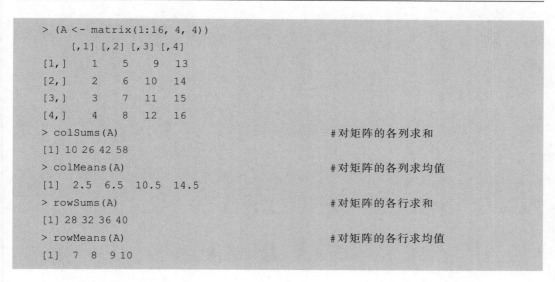

```
> (A <- matrix(1:16, 4, 4))
     [,1] [,2] [,3] [,4]
[1,]    1    5    9   13
[2,]    2    6   10   14
[3,]    3    7   11   15
[4,]    4    8   12   16
> colSums(A)                          #对矩阵的各列求和
[1] 10 26 42 58
> colMeans(A)                         #对矩阵的各列求均值
[1]  2.5  6.5 10.5 14.5
> rowSums(A)                          #对矩阵的各行求和
[1] 28 32 36 40
> rowMeans(A)                         #对矩阵的各行求均值
[1]  7  8  9 10
```

2.4.4　矩阵的索引

矩阵索引与向量索引类似,使用"[ ]"来表示。由于矩阵用于管理二维数据,所以需要使用两个下标来表示矩阵中的元素。常用的索引格式如表 2-7 所示。

表 2-7　矩阵索引格式

索 引 格 式	描　　述
x[i, j]	下标为(i,j)的元素
x[i,]	第 i 行
x[, j]	第 j 列

续表

索 引 格 式	描　述
x[c(m, n),]	第 m 和 n 行
x[, c(m,n)]	第 m 和 n 列
x[c(m：n),]	第 m 到 n 行
x[,c(m：n)]	第 m 到 n 列
x[i, -j]	返回第 i 行，但排除第 j 列
x["name",]	名为"name"的行
x[, "name"]	名为"name"的列

```
> (X <- matrix(1:12, 3, 4))
     [,1] [,2] [,3] [,4]
[1,]    1    4    7   10
[2,]    2    5    8   11
[3,]    3    6    9   12
> X[1, 2]                              #矩阵的索引
[1] 4
> X[3, ]                               #矩阵的索引
[1] 3 6 9 12
> X[, 4]                               #矩阵的索引
[1] 10 11 12
> X[c(1, 3), ]                         #矩阵的索引
     [,1] [,2] [,3] [,4]
[1,]    1    4    7   10
[2,]    3    6    9   12
```

◆ 2.5　数　　组

在 R 语言中，数组可以认为是矩阵的扩展。矩阵中数据的维度是二维，而数组是多维。数组的元素可以是数值型、逻辑型、字符型和复数型等类型，但在一个数组中所有元素只能是同一种类型。通常，R 语言使用 array(w, dim = , …)函数创建数组。其中，w 表示创建数组的元素；dim 表示数组的维数，是数值型向量。

```
> #建立一个三维数组，其维度是 2 * 5 * 3，要求在结果中会依次展示 3 个 2 行 5 列的矩阵
> (w_array <- array(1:30, dim = c(2, 5, 3)))
, , 1

     [,1] [,2] [,3] [,4] [,5]
[1,]    1    3    5    7    9
```

```
[2,]    2    4    6    8   10

, , 2

     [,1] [,2] [,3] [,4] [,5]
[1,]   11   13   15   17   19
[2,]   12   14   16   18   20

, , 3

     [,1] [,2] [,3] [,4] [,5]
[1,]   21   23   25   27   29
[2,]   22   24   26   28   30
```

　　数组的索引类似于矩阵的索引。注意：在矩阵中，使用 dim() 函数可以返回矩阵的行数和列数；在数组中，使用 dim() 函数则可以返回其维度的整数值向量。

```
> a_matrix <- matrix(1:10, nrow = 5, ncol = 2)
> w_array <- array(1:30, dim = c(2, 5, 3))
> dim(a_matrix)
[1] 5 2
> dim(w_array)
[1] 2 5 3
```

◆ 2.6　数　据　框

　　使用 R 语言进行数据表的分析处理时，向量和数据框的使用频率是最高的。数据框是由不同数据类型的元素组成的数据对象，即一个数据框包含多个向量，向量的数据类型可以不同。数据框是介于矩阵和列表之间的一种数据对象：与矩阵相比，它的各列可以采用不同的数据类型；与列表相比，它只能包含向量，而且这些向量的长度通常是相等的。在数据的统计分析中，通常用数据框的一列代表某一变量的属性，用数据框的一行代表某一样本。如图 2-3 所示的鸢尾花(iris)数据集包含了不同的数据类型，使用数据框存储数

```
> iris
   Sepal.Length Sepal.Width Petal.Length Petal.Width  Species
1           5.1         3.5          1.4         0.2   setosa
2           4.9         3.0          1.4         0.2   setosa
3           4.7         3.2          1.3         0.2   setosa
4           4.6         3.1          1.5         0.2   setosa
5           5.0         3.6          1.4         0.2   setosa
6           5.4         3.9          1.7         0.4   setosa
7           4.6         3.4          1.4         0.3   setosa
8           5.0         3.4          1.5         0.2   setosa
9           4.4         2.9          1.4         0.2   setosa
10          4.9         3.1          1.5         0.1   setosa
11          5.4         3.7          1.5         0.2   setosa
12          4.8         3.4          1.6         0.2   setosa
```

图 2-3　使用数据框存储数据(以 iris 为例)

据是最佳的选择。

2.6.1 创建数据框

使用 data.frame() 来创建数据框。data.frame() 可用多个向量建立为一个数据框,其使用格式为 data.frame(col1,col2,…),对于数据框,可以通过 names() 函数来读取并编辑列名称。

```
> my.data <- data.frame(site = c("A", "B", "A", "A", "B"),
            season = c("winter", "summer", "summer", "spring", "fall"),
            pH = c(7.4, 6.3, 8.6, 7.2, 8.9)))
  site season  pH
1    A winter 7.4
2    B summer 6.3
3    A summer 8.6
4    A spring 7.2
5    B   fall 8.9
> names(my.data)
[1] "site"   "season" "pH"
> names(my.data)[1] <- "type"               #读取并编辑数据框中列名称
> names(my.data)
[1] "type"   "season" "pH"
```

2.6.2 数据框的索引

数据框的索引包括索引列和索引行两部分。

索引列:列向量可以采取两种方式进行索引,其一是按照列名称索引,其二是按照列下标索引,结果以向量的形式返回,如表 2-8 所示。

表 2-8 数据框索引

列名称索引	<数据框对象>$列名称 <数据框对象>[["名称"]]
列下标索引	<数据框对象>[[列下标]] <数据框对象>[,列下标]

索引行:"<数据框对象>[行下标向量,]"直接获取相应行的所有元素,结果以数据框的形式返回。以下以 R 语言基本包中包含的鸢尾花数据集为例做介绍。该数据集是常用的实验数据集,数据集包含 150 个数据样本,分为 3 类花卉,每类 50 个数据,每个样本包含花卉的 4 个属性:花萼长度、花萼宽度、花瓣长度和花瓣宽度。

```
iris$Sepal.Length                           #列名称索引
iris[["Sepal.Length"]]                      #列名称索引
iris[[2]]                                   #列下标索引
```

```
iris[, 2]                                    #列下标索引
iris[1:2, ]                                  #索引行
```

◆ 2.7 列 表

2.7.1 创建列表

在 R 语言中,若需要存储较复杂的数据,则可以使用列表(list),列表是多种数据对象的有序集合。创建列表可以使用 list()来实现。下例中,建立的 my.list 由三部分组成:名称为 stud.id 的数值、名称为 stud.name 的字符串和名称为 stud.marks 的数值向量。注意:字符串要使用双引号或单引号。

```
> (my.list <- list(stud.id = 34453, stud.name = "张三", stud.marks = c(14.3,
12, 15, 19)))
$stud.id
[1] 34453

$stud.name
[1] "张三"

$stud.marks
[1] 14.3 12.0 15.0 19.0
```

使用 unlist()函数可以把列表中的所有元素转换为向量元素,转换后的向量元素的个数是列表中所有数据对象的个数之和,向量元素的类型也自动转换为相同的类型。通过 length()函数来检查列表元素的个数。

```
> unlist(my.list)
    stud.id    stud.name stud.marks1 stud.marks2 stud.marks3 stud.marks4
    "34453"       "张三"      "14.3"        "12"        "15"        "19"
> length(my.list)                            #检查列表成分的个数
[1] 3
```

2.7.2 列表的索引

使用索引可以对列表中的元素进行访问、编辑和删除。常见的列表索引格式如表 2-9 所示。

表 2-9 列表索引

索 引 格 式	描 述
x[n]	列表显示元素 n
x[[n]]	列表的第 n 个元素

续表

索 引 格 式	描　述
x[["name"]]	列表中名为"name"的元素
x $ name	列表中名为"name"的元素

```
> my.list[3]
$stud.marks
[1] 14.3 12.0 15.0 19.0
> #列表索引示例
> my.list[[3]]
[1] 14.3 12.0 15.0 19.0
> my.list[["stud.marks"]]
[1] 14.3 12.0 15.0 19.0
> my.list$stud.marks
[1] 14.3 12.0 15.0 19.0
> class(my.list[3])
[1] "list"
> class(my.list[[3]])
[1] "numeric"
```

2.8　因　子

2.8.1　创建因子

因子提供了一个简单而又紧凑的形式来处理分类数据,管理分类值。如果数据集里有取值个数固定的分类值,因子将非常有用,例如性别、民族等。类别还可以有一定顺序,例如职称、年级、成绩等。创建因子可以使用 factor() 函数来实现。factor() 函数将字符型向量转换成因子,使用方式如下。

factor(x = character(), levels, labels = levels, exclude = NA, ordered = is.ordered(x), nmax = NA)。参数描述如表 2-10 所示。

表 2-10　factor()函数参数描述

参　　数	描　　述
x	表示要创建为因子的一组数据,以向量形式表示
levels	表示分类的类别,也称"水平"。如果不指定的话,就是 x 中不重复的所有值
labels	表示水平的名称,与水平一一对应,方便用户识别
exclude	表示有哪些水平是不需要的
ordered	逻辑值,为 TRUE 表示有序因子,为 FALSE 表示无序因子
nmax	表示水平个数的上限

factor()函数以一个整数向量的形式存储分类值,同时由原始值组成的内部向量映射到这些整数上。例如,status 为一组 5 个人的学习评价数据,含有 3 类评价,将这组数据使用 factor()函数后,自动生成 3 个 levels,并在内部自动按照默认顺序进行关联映射:1 = Excellent、2 = Improved 和 3 = Poor,关系如图 2-4 所示。status 从向量变为因子后,针对此向量进行的任何操作都会将其作为有序型因子对待,自动选择合适的统计分析方法。在使用 factor()时也可指定 levels 选项来覆盖默认排序,例如,将水平赋值为 1 = Poor、2 = Improved、3 = Excellent。另外,任何在数据中出现而未在参数中列举的数据都将被设为缺失值。

分类:	"Excellent"	"Improved"	"Poor"
因子:	1	2	3

图 2-4 关联映射关系

```
> status <- c("Poor", "Improved", "Excellent", "Poor", "Excellent")
> status <- factor(status, ordered = TRUE)
> status
[1] Poor      Improved  Excellent Poor  Excellent
Levels: Excellent < Improved < Poor

> status <- factor(status, levels = c("Poor", "Improved", "Excellent"))
> status
[1] Poor      Improved  Excellent Poor      Excellent
Levels: Poor Improved Excellent

> status <- factor(status, levels = c("Improved", "Excellent"), ordered =
TRUE)
> status
[1] <NA>      Improved  Excellent <NA>      Excellent
Levels: Improved < Excellent
```

下面举例来进一步说明。f 因子的存储类型是整数,和 level 相对应。1 对应的是"Lisp",2 对应的是"Python",3 对应的是"R",4 对应的是"Ruby",按照字母顺序排序。

```
> chr <- c("R", "Python", "R", "Ruby", "Lisp", "R")
> class(chr)
[1] "character"
> (f <- factor(chr))                    #创建因子
[1] R      Python R      Ruby   Lisp   R
Levels: Lisp Python R Ruby
> class(f)
[1] "factor"
> storage.mode(f)
[1] "integer"
> as.numeric(f)
```

```
[1] 3 2 3 4 1 3
> levels(f)
[1] "Lisp"    "Python"    "R"    "Ruby"
```

2.8.2　创建有规律的因子

gl()函数用于创建有规律的因子向量,使用格式为 gl(n, k, length = n * k, labels = seq_len(n), ordered = FALSE),参数描述如表 2-11 所示。

表 2-11　gl()函数参数描述

参　数	描　述
n	表示因子水平的个数
k	表示每个水平的重复数
length	表示生成的序列的长度
labels	一个 n 维向量,表示因子水平
ordered	一个逻辑值,若为 TRUE,表示有序因子

```
> gl(2, 1, 20)                                    #创建因子水平
[1] 1 2 1 2 1 2 1 2 1 2 1 2 1 2 1 2 1 2 1 2
Levels: 1 2
> gl(3, 2, labels = c("Poor", "Improved", "Excellent"))
[1] Poor       Poor       Improved  Improved  Excellent Excellent
Levels: Poor Improved Excellent
```

◇ 2.9　综合实验

2.9.1　实验 1：熟悉向量的计算

1. 实验目标

学习 R 语言数据结构的概念,掌握向量的运用方法。

2. 实验内容

A 班《微积分》与《线性代数》成绩如下。

微积分:100,88,77,66,55,44

线性代数:99,70,60,87,31,91

(1)利用 R 语言向量计算出班里人数;

(2)计算出微积分成绩的最大值和最小值。

3. 实验步骤

（1）打开 RStudio，创建两个向量 x 和 y。

```
> x <- c(100, 88, 77, 66, 55, 44)
> y <- c(99, 70, 60, 87, 31, 91)
> length(x)                          #判断向量的长度
[1] 6
```

（2）计算最大值、最小值、求和。

```
> x <- c(100, 88, 77, 66, 55, 44)
> y <- c(99, 70, 60, 87, 31, 91)
> length(x)
[1] 6
> which.min(x)                       #求向量的最小值所在的位置
[1] 6
> x[which.min(x)]                    #索引第六位置的数值
[1] 44
> which.max(x)                       #求向量的最大值所在的位置
[1] 1
> x[which.max(x)]
[1] 100                              #索引第一个位置的数值
> z <- x + y                         #每个学生的总成绩
> z
[1] 199 158 137 153  86 135
```

2.9.2　实验 2：灵活使用矩阵

1. 实验目标

学习 R 语言数据结构的概念，熟练掌握矩阵的运用方法。

2. 实验内容

（1）矩阵的创建。

① 将已有数据转化为矩阵；

② 特殊矩阵的创建方法，包括全部是零的矩阵、对角全部是 1 的矩阵、对角线上元素不同的矩阵。

（2）矩阵的查看。

① 查看矩阵的维数；

② 提取矩阵的行数与列数；

③ 引用元素；

④ 给行列命名；

⑤ 调用行列名。

（3）矩阵的运算。

① 将多个矩阵合并；

② 矩阵的加减乘；

③ 矩阵的逆；

④ 矩阵的转置；

⑤ 特征值分解。

3. 实验步骤

（1）打开 RStudio，创建矩阵。

```
> #矩阵的创建(1)
> (M = matrix(1:12, nrow = 3, ncol = 4))     #创建一个将 1-12 纵向排列的 3 行 4 列矩阵
     [,1] [,2] [,3] [,4]
[1,]    1    4    7   10
[2,]    2    5    8   11
[3,]    3    6    9   12

> (M = matrix(1:12, nrow = 3, ncol = 4, byrow = T))
                                             #创建一个将 1-12 横向排列的矩阵
     [,1] [,2] [,3] [,4]
[1,]    1    2    3    4
[2,]    5    6    7    8
[3,]    9   10   11   12

> #矩阵的创建(2)
> rm(list = ls())                            #创建一个全是 0 的矩阵
> (zero = matrix(0, nrow = 3, ncol = 3))
     [,1] [,2] [,3]
[1,]    0    0    0
[2,]    0    0    0
[3,]    0    0    0

> (dig = diag(rep(1, 4)))  #创建一个对角线上全是 1 的矩阵,diag 为对角矩阵,rep 是重复
     [,1] [,2] [,3] [,4]
[1,]    1    0    0    0
[2,]    0    1    0    0
[3,]    0    0    1    0
[4,]    0    0    0    1

> (N = diag(1:4))                            #创建一个对角线上元素不同的矩阵
```

```
      [,1] [,2] [,3] [,4]
[1,]    1    0    0    0
[2,]    0    2    0    0
[3,]    0    0    3    0
[4,]    0    0    0    4
```

（2）矩阵的查看。

```
> (M = matrix(1:12, nrow = 3, ncol = 4))    #创建一个矩阵 M
      [,1] [,2] [,3] [,4]
[1,]    1    4    7   10
[2,]    2    5    8   11
[3,]    3    6    9   12

> #矩阵的查看(1)
> dim(M)                                     #查看矩阵的维数
[1] 3 4

> #矩阵的查看(2)
> nrow(M)                                    #查看矩阵的行数
[1] 3
> ncol(M)                                    #查看矩阵的列数
[1] 4

> #矩阵的查看(3)
> M[1, 2]                                    #引用矩阵的元素(第一行,第二列)
[1] 4
> M[1:2, 2:3]                                #引用第一到第二行,第二到第三列的元素
      [,1] [,2]
[1,]    4    7
[2,]    5    8

> #矩阵的查看(4)
> colnames(M) = paste0("x_", 1:4)            #给矩阵的列命名
> rownames(M) = 1:3;M                        #给矩阵的行命名
  x_1 x_2 x_3 x_4
1   1   4   7  10
2   2   5   8  11
3   3   6   9  12
> #ps."paste"可将 R 对象转换为字符后连接向量,而"paste0"连接时不需要分隔符。例如:
> paste("hello", "china")
[1] "hello china"                            #有空格
> paste0("hello", "china")
```

```
[1] "hellochina"                          #无空格

> #矩阵的查看(5)
> colnames(M)                             #调用列名
[1] "x_1" "x_2" "x_3" "x_4"
> rownames(M)                             #调用行名
[1] "1" "2" "3"
```

（3）矩阵的运算。

```
> (A = matrix(1:9, nrow = 3, ncol = 3, byrow = T))    #创建一个 3 行 3 列的矩阵 A
     [,1] [,2] [,3]
[1,]    1    2    3
[2,]    4    5    6
[3,]    7    8    9
> (B = diag(11:13))                       #创建一个 3 行 3 列的矩阵 B
     [,1] [,2] [,3]
[1,]   11    0    0
[2,]    0   12    0
[3,]    0    0   13


> #矩阵的运算(1)将矩阵合并
> rbind(A, B)                             #将矩阵列对齐,行相加(r 代表行,row)
     [,1] [,2] [,3]
[1,]    1    2    3
[2,]    4    5    6
[3,]    7    8    9
[4,]   11    0    0
[5,]    0   12    0
[6,]    0    0   13
> cbind(A, B)                             #将矩阵行对齐,列相加(c 代表列,col)
     [,1] [,2] [,3] [,4] [,5] [,6]
[1,]    1    2    3   11    0    0
[2,]    4    5    6    0   12    0
[3,]    7    8    9    0    0   13
> #合并时务必保证矩阵的行/列对应相等,否则运行时会出现错误
> (M = matrix(1:12, nrow = 3, ncol = 4, byrow = T))   #新建一个 3 行 4 列的矩阵 M
     [,1] [,2] [,3] [,4]
[1,]    1    2    3    4
[2,]    5    6    7    8
[3,]    9   10   11   12
> rbind(A, M)                             #将 A 与 M 按照行合并,无法得出结果
Error in rbind(A, M) : 矩阵的列数必须相符
```

```
> #矩阵的运算(2)矩阵的加减乘
> A + B                              #矩阵的加法
     [,1] [,2] [,3]
[1,]  12    2    3
[2,]   4   17    6
[3,]   7    8   22
> A * B                             #矩阵对应位置的元素相乘
     [,1] [,2] [,3]
[1,]  11    0    0
[2,]   0   60    0
[3,]   0    0  117
> A% * %B                           #根据矩阵乘法公式计算的结果
     [,1] [,2] [,3]
[1,]  11   24   39
[2,]  44   60   78
[3,]  77   96  117
```

> 矩阵的乘法:若已知 l * j 的矩阵 A 和 j * k 的矩阵 B,则 A * B 中的元素为 A 对应列的元素与
B 对应行的元素分别相乘后相加;由于"+"和"*"均需要元素一一对应,所以要求两个矩阵的行
与列必须完全相同,而"% * %"需要前一个矩阵的列数等于后一个矩阵的行数即可

```
> A + M
Error in A + M：非整合陈列
> A% * %M
     [,1] [,2] [,3] [,4]
[1,]  38   44   50   56
[2,]  83   98  113  128
[3,] 128  152  176  200


> #矩阵的运算(3)
> solve(B)                          #矩阵的逆
          [,1]        [,2]        [,3]
[1,] 0.09090909 0.00000000 0.00000000
[2,] 0.00000000 0.08333333 0.00000000
[3,] 0.00000000 0.00000000 0.07692308
```

> #矩阵的逆存在条件:首先要是 n * n 的方阵,然后满足下面任何一个条件即可逆
> #(1)满秩(2)矩阵不为 0(3)各行(列)两两线性无关

```
> #矩阵的运算(4)
> t(A)                              #矩阵的转置
     [,1] [,2] [,3]
[1,]   1    4    7
[2,]   2    5    8
[3,]   3    6    9
```

```
> #矩阵的运算(5)
> eigen(A)                                    #矩阵的特征值
eigen() decomposition
$values
[1]   1.611684e+01 -1.116844e+00 -1.303678e-15

$vectors
            [,1]          [,2]          [,3]
[1,] -0.2319707 -0.78583024   0.4082483
[2,] -0.5253221 -0.08675134 -0.8164966
[3,] -0.8186735  0.61232756   0.4082483
> #矩阵特征值的求法:设 A 是 n 阶方阵,如果存在数 m 和非零 n 维列向量 x,使得 Ax = mx 成
立,则称 m 是矩阵 A 的一个特征值。计算时,求出特征方程的全部根,即为矩阵的全部特征值。
对于每一个特征值,求出齐次线性方程组
```

2.9.3　实验 3:综合运用数据框

1. 实验目标

学习 R 语言数据结构的概念,熟练掌握数据框的运用。

2. 实验内容

基于表 2-12 某教学班第一次月考成绩表,创建数据框并进行如下操作。

(1) 录入数据并形成数据框。

(2) 调取查看数据框中的数据。

① 查看数据框中的"English"列数据(索引列);

② 查看数据框中的"bob""kitty"行数据(索引行);

③ 索引第 3 行第 4 列的元素(索引单独数据)。

(3) 增删改补数据框中的数据。

① 编辑"biology"列,将其列名修改成"geography"(替换);

② 删除数据框的第 2 行第 3 列(删除);

③ 增加"Chinese"列,并分别录入学生的中文成绩 70,82,79,65(增加列)。

表 2-12　某教学班第一次月考成绩表

sample	math	biology	English	art
alice	95	89	60	a
bob	100	94	82	b
kitty	72	81	93	a
ben	83	62	79	a
jack	91	85	82	b

3. 实验步骤

（1）打开 RStudio，创建数据框。

```
> #创建数据框
> #输入第一列 sample 的数据
> sample <- c("alice", "bob", "kitty", "ben", "jack")
> #输入第二列 math 的数据
> math <- c(95, 100, 72, 83, 91)
> #输入第三列 biology 的数据
> biology <- c(89, 94, 81, 62, 85)
> #输入第四列 English 的数据
> English <- c(60,82, 93, 79, 82)
> #输入第五列 art 的数据
> art <- c("a", "b", "a", "a", "b")
> #创建数据框 grade
> grade <- data.frame(sample, math, biology, English, art)
> grade
  sample  math  biology  English  art
1 alice    95     89       60      a
2 bob     100     94       82      b
3 kitty    72     81       93      a
4 ben      83     62       79      a
5 jack     91     85       82      b
```

（2）调取查看数据框中的数据。

```
> #查看数据框中的"English"列数据(索引列)
> #索引列
> grade[, 4]                              #索引第四列
[1] 60 82 93 79 82
> grade$English                           #按列的名称索引
[1] 60 82 93 79 82
```

```
> #查看数据框中的"bob" "kitty"行数据(索引行)
> #索引行
> grade[2:3, ]                            #索引第 2 至 3 行
  sample  math  biology English  art
2 bob     100     94       82      b
3 kitty    72     81       93      a
```

```
> #索引第 3 行第 4 列的元素(索引单独数据)
> #元素索引
> grade[3, 4]                             #索引第 3 行第 4 列
[1] 93
```

（3）增删改补数据框中的数据。

```
> #编辑"biology"列,将其列名改成"geography"(替换)
> names(grade)                    #读取数据框中列名称
[1] "sample"  "math"  "biology"  "English" "art"
> names(grade)[3] <- "geography" #编辑数据框中列名称,将"biology"改成"geography"
> names(grade)                    #再次读取数据框中列名称,可见更改成功
[1] "sample"  "math"  "geography"    "English" "art"
```

```
> #删除数据框的第 2 行第 3 列(删除)
> grade <- grade[-2, -3]
> grade
   sample  math  English  art
1 alice    95    60       a
3 kitty    72    93       a
4 ben      83    79       a
5 jack     91    82       b
```

```
> #增加"Chinese"列,并分别录入学生的中文成绩 70, 82, 79, 65(增加)
> #输入第六列 Chinese 的数据
> Chinese <- c(70, 82, 79, 65)
> #方法一:用 data.Frame 函数将原始数据和要添加的某列重新生成新的数据框
>data.frame(grade, Chinese)
   sample  math  English  art  Chinese
1 alice    95    60       a    70
3 kitty    72    93       a    82
4 ben      83    79       a    79
5 jack     91    82       b    65
> #方法二:使用 cbind 函数添加列数据
>cbind(grade, Chinese)
   sample  math  English  art  Chinese
1 alice    95    60       a    70
3 kitty    72    93       a    82
4 ben      83    79       a    79
5 jack     91    82       b    65
```

注意：cbind 和 rbind 函数不仅适用于数据框也适用于矩阵。无论用上述介绍的哪种方法为数据框添加列或行，新数据行或列的个数应与数据框相同，否则系统会报错。

2.9.4　实验 4：熟悉因子

1. 实验目标

学习 R 语言数据结构的概念，熟练掌握因子的运用。

2. 实验内容

（1）创建一个表示星期的因子。
（2）求该因子的个数。
（3）获取该因子的名称。
（4）获取该因子的有序数据。

3. 实验步骤

（1）打开 RStudio，使用 factor()函数创建一个因子。

```
> week <- factor(c("Fri", "Mon", "Mon", "Tues", "Sun", "Sat", "Wedn", "Fri",
"Thur"))                                    #创建因子
> week
[1] Fri  Mon  Mon  Tues Sun  Sat  Wedn Fri  Thur
Levels: Fri Mon Sat Sun Thur Tues Wedn
```

（2）计算该因子的个数。

```
> as.numeric(week)                          #向量和整数的映射关系
[1] 1 2 2 6 4 3 7 1 5

> nlevels(week)                             #使用 nlevels()函数求因子的个数
[1] 7
```

（3）获取因子的名称。

```
> levels(week)                              #使用 levels()函数获取因子的名称
[1] "Fri"  "Mon"  "Sat"  "Sun"  "Thur"  "Tues"  "Wedn"
```

（4）获取因子的有序数据。

```
> ordered(week)                             #使用 ordered()函数获取因子的有序数据
[1] Fri  Mon  Mon  Tues Sun  Sat  Wedn Fri  Thur
Levels: Fri < Mon < Sat < Sun < Thur < Tues < Wedn
```

◆ 思考与练习

一、单选题

1. R 语言中最常处理的数据结构是(   )。
   A. 向量   B. 矩阵   C. 数组   D. 数据框

2. rep(c(1，2)，3)返回结果是(　　)。

　　A. 1 1 1 2 2 2 　　　　　　　　　　B. 1 2 1 2 1 2

　　C. 1 2 3 1 2 3 　　　　　　　　　　D. 1 1 2 2 3 3

3. xx = array(1：24，c(3，4，2))；xx[2，1：2，2]返回结果是(　　)。

　　A. 2　5　　　　　B. 14　17　　　　　C. 17　20　　　　　D. 16　17

4. ll = list(name = "Jack"，wife = "Mary"，no.children = 3，child.ages = c(4，7，9))；　ll[[1]]返回结果是(　　)。

　　A. Jack　　　　　B. Mary　　　　　C. 3　　　　　　　D. 4

5. a = data.frame(class = c(1，1，2，2，3，3)，sex = c("女"，"女"，"女"，"男"，"男"，"男")，score = c(80，99，92，76，61，95))；　a $ score[a[2] == "女"]返回结果是(　　)。

　　A. 80　　　　　B. 99　　　　　　C. 92　　　　　　D. 80 99 92

6. class(sqrt((1：4)% * %(1：4)))返回结果是(　　)。

　　A. Matrix　　　　B. numeric　　　　C. integer　　　　D. array

二、多选题

1. 下列哪项是 R 语言中的数据结构？(　　)

　　A. 列表　　　　　B. 矩阵　　　　　C. 数组　　　　　D. 数据框

2. R 语言中特殊的常量包括(　　)。

　　A. NA　　　　　B. NaN　　　　　C. TRUE　　　　　D. FALSE

3. R 语言中创建向量可以使用下面哪些函数？(　　)

　　A. c()　　　　　B. gl()　　　　　C. seq()　　　　　D. rep()

三、思考题

1. 详述 R 语言中数据类型与数据结构二者的区别和联系,以及它们的应用特点。

2. 总结和练习本章里介绍的 R 函数。

3. 阅读函数和数据集相关的 R 文档,理解函数和其中的参数。

第 3 章

数 据 管 理

◆ 3.1 控 制 结 构

    R 语言是块状结构程序语言,块由大括号"{ }"划分,程序语句由换行符或分号分割。程序控制结构的作用是应用 if 条件语句、循环语句等控制程序的走向。程序控制结构又称为流程控制。R 语言的基本控制结构有顺序结构、分支结构和循环结构。

3.1.1 分支结构

    条件分支语句在编程语言中非常常见,R 语言中,常用的条件分支语句有 if-else 语句和 switch 语句。

1. if-else 语句

创建 if-else 结构语句的基本格式如下。

```
if ( 条件 ) {
    //结果为 TRUE 时执行语句组 1
} else {
    //结果为 FALSE 时执行语句组 2
}
```

    其中,条件是布尔表达式,当结果为 TRUE 时,执行 if 语句中的代码块,否则将执行 else 语句中的代码块,这是最简单的分支结构。if-else 结构语句还可以多重条件嵌套,使用 else if 语句完成多个条件的判断。除此之外,ifelse 结构比较紧凑,格式为 ifelse(condition, statement1, statement2)。若 condition 为 TRUE,则执行第一个语句;若 condition 为 FALSE,则执行第二个语句。当希望结构的输入和输出均为向量时,可使用 ifelse 语句。相关示例如下所示。

```
> x <- c("what","is","the","Truth")
> if ("Truth" %in% x) { print("Truth is found" )
+   } else { print("Truth is not found") }
[1] "Truth is found"
```

```
> #嵌套的 if-else 结构语句
> a <- -1
> if (a < 0) {
+     result = 0
+  } else if (a < 1) {
+     result = 1
+  } else {
+     result = 2
+  }
> result
[1] 0
> #ifelse 语句
> x <- c(1,1,1,0,0,1,1)
> ifelse(x != 1, 1, 0)          #如果 x 的值不等于 1,输出 1,否则输出 0
 [1] 0 0 0 1 1 0 0
```

2. switch 分支语句

　　switch 语句可以直接实现多分支语句。如果条件式结果等于 n,则执行第 n 条分支的处理;如果取值不符合条件,则返回"NULL"值。其格式为 switch(expression, list),其中 expression 为表达式,list 为列表。如果表达式返回值在 1 到 length(list)之间,则返回列表相应位置的值,否则返回"NULL"值。当表达式等于 list 的变量名时,返回变量名对应的值,否则返回"NULL"值。相关示例代码如下所示。

```
> switch (2, mean(1:10), 1:5, 1:10)          #输出第 2 个向量
[1] 1 2 3 4 5
> y <- "fruit"                               #输出变量名 fruit 对应的值
> switch(y, fruit = "apple", vegetable = "broccoli",meat="beef")
[1] "apple"
```

3.1.2　循环结构

　　常用的循环语句主要有 for 循环、while 循环和 repeat 循环,常见的控制语句有 break语句和 next 语句,如表 3-1 和表 3-2 所示。

表 3-1　常见的循环结构

循 环 结 构	描　　　述
for 循环	基本的循环语句,变量的遍历
while 循环	类似 for 语句,满足条件执行循环体
repeat 循环	多次执行,满足条件退出循环

表 3-2　常见的控制语句

控 制 语 句	描　　　述
break 语句	终止循环语句,执行循环后的下一语句
next 语句	跳过本次循环,执行下一次循环

1. for 循环

for 语句用于创建循环,格式为 for（name in expr1）{expr2}。其中,name 为循环变量,在每次循环时从 expr1 中顺序取值;expr1 是一个向量表达式,expr2 通常是一组表达式,当 name 的值包含在 expr1 中时,执行 expr2 的语句,否则循环终止。在循环过程中如果需要输出每次循环的结果,则可以使用 cat()函数或 print()函数。cat()函数的格式为 cat（expr1，expr2，…）,其中,expr1、expr2 为输出的内容,可为字符串或表达式。另外,符号"\n"表示换行,"\n"后的语句将在下一行输出。

以下为两个使用 for 循环的例子。在第一个例子中,for（i in pv）表示 i,即 pv 中的每一个元素值,进入循环计算,i 的取值是具体的成绩分值;在第二个例子中,for（i in 1:length(pv)）表示从 1 到 length(pv)中每一个符合条件的 i 值进入循环计算,i 的取值是位置。因此,在循环中的 if-else 分支语句的条件表达式使用 pv[i]来代表成绩。最后结果虽然相同,但循环因子和用法是不同的,请思考这两个例子的不同点。

```
>#例 1
> pv <- c(40, 55, 70, 95, 82, 100, 66, 90)
> m <- 1
> for (i in pv){
+       if (i < 60) {
+           result[m] <- "需要加强"
+           } else if (i <= 80) {
+           result[m] <- "继续加油"
+           } else {
+           result[m] <- "做得很好"
+           }
+       m <- m+1
+   }
> result
[1] "需要加强" "需要加强" "继续加油" "做得很好" "做得很好" "做得很好"
[7] "继续加油" "做得很好"
```

```
>#例 2
> pv <- c(40, 55, 70, 95, 82, 100, 66, 90)
> m <- 1
> for (i in 1:length(pv)){
```

```
+        if (pv[i] < 60) {
+            result[i] <- "需要加强"
+        } else if (pv[i] <= 80) {
+            result[i] <- "继续加油"
+        } else {
+            result[i] <- 做得很好"
+        }
+    }
> result
[1] "需要加强" "需要加强" "继续加油" "做得很好" "做得很好" "做得很好"
[7] "继续加油" "做得很好"
```

2. while 循环

while 语句用于创建循环,格式为 while(cond){expr}。其中,cond 为判断条件, expr 为一个或一组表达式。while 循环重复执行语句 expr,直到条件 cond 不为真为止。 注意:for 是通过遍历一个向量来控制循环的次数,while 是直接设置判断条件的范围,这 是两者的主要区别。示例如下。

```
> pv <- c(40, 55, 70, 95, 82, 100, 66, 90)
> i <- 1
> while(i <=length(pv) ){
+    if (pv[i] < 60) {
+        result[i] <- "需要加强"
+    } else if (pv[i] <= 80) {
+        result[i] <- "继续加油"
+    } else {
+        result[i] <- "做得很好"
+    }
+    i <- i + 1
+ }
> result
[1] "需要加强" "需要加强" "继续加油" "做得很好" "做得很好" "做得很好" "继续加油" "做
得很好"
```

3.1.3 控制语句

repeat 是无限循环语句,不能自动停止,需要配合使用 break 语句跳出循环,格式为 repeat { if (cond) { break } }。repeat-break 循环的相关示例如下所示。

```
> pv <- c(40, 55, 70, 95, 82, 100, 66, 90)
> i <- 1
> repeat{
```

```
+          if (i > length(pv)) {
+              break
+          }
+      if (pv[i] < 60) {
+          result[i] <- "需要加强"
+      } else if (pv[i] <= 80) {
+          result[i] <- "继续加油"
+      } else {
+          result[i] <- "做得很好"
+      }
+      i <- i + 1
+      }
> result
[1] "需要加强" "需要加强" "继续加油" "做得很好" "做得很好" "做得很好" "继续加油" "做得很好"
```

3.2　函　数

R 语言大量使用函数,因此,灵活掌握函数的用法可以完成很多工作。R 语言的基础包和第三方包提供很多函数,可以直接使用。在处理复杂问题中,也可以编写自定义函数来实现所需功能。本节重点介绍 R 语言常用的数学运算函数、字符处理函数、日期处理函数、自定义函数以及函数的嵌套等。

3.2.1　数学运算函数

1. 数学函数

和其他数据分析软件一样,R 语言中也有许多应用于计算和统计分析的函数,主要分为数学函数、统计函数、概率函数等。常用的数学函数如表 3-3 所示。

表 3-3　数学函数

函　数	描　述
abs(x)	求绝对值
sqrt(x)	求平方根
ceiling(x)	求不小于 x 的最小整数
floor(x)	求不大于 x 的最大整数
trunc(x)	向 0 的方向截取 x 中的整数部分
round(x,digits＝n)	将 x 舍入为指定位数的小数
signif(x,digits＝n)	将 x 舍入为指定的有效数字位数

函　　数	描　　述
sin(x),cos(x),tan(x)	求正弦、余弦和正切
asin(x),acos(x),atan(x)	求反正弦、反余弦和反正切
sinh(x),cosh(x),tanh(x)	求双曲正弦、双曲余弦和双曲正切
log(x,base＝n)	对 x 取以 n 为底的对数
log(x)	对 x 取自然对数
log10(x)	对 x 取常用对数
exp(x)	指数函数

数学函数的示例如下所示。

```
> abs(-5)                        #求绝对值
[1] 5
> sqrt(16)                       #求平方根
[1] 4
> 16^(0.5)                       #和 sqrt(16) 等价
[1] 4
> ceiling(3.457)                 #求不小于 x 的最小整数
[1] 4
> floor(3.457)                   #求不大于 x 的最大整数
[1] 3
> trunc(5.99)                    #向 0 的方向截取 x 中的整数部分
[1] 5
> trunc(-5.99)                   #向 0 的方向截取 x 中的整数部分
[1] -5
> round(3.457, digits = 2)       #将 x 舍入为指定位的小数
[1] 3.46
> signif(3.457, digits = 2)      #将 x 舍入为指定的有效数字位数
[1] 3.5
> cos(2)                         #求余弦
[1] -0.4161468
> log(10, base = 10)             #求以 10 为底的对数
[1] 1
> log(10)                        #对 10 取自然对数
[1] 2.302585
> log10(10)                      #对 10 取常用对数
[1] 1
> exp(2.3026)                    #指数函数
[1] 10.00015
```

2. 统计函数

R 语言的统计函数在应用中非常多,常用的统计函数见表 3-4。

表 3-4 统计函数

函 数	描 述
mean(x)	求平均值
median(x)	求中位数
sd(x)	求标准差
var(x)	求方差
mad(x)	求绝对中位差
quantile(x,probs)	求分位数,其中 x 为待求分位数的数值型向量;probs 为一个由[0,1]之间的概率值组成的向量
range(x)	求值域
sum(x)	求和
min(x)	求最小值
max(x)	求最大值

统计函数的示例如下所示。

```
> x <- c(1, 2, 3, 4)               #向量 x
> mean(x)                          #求平均数
[1]  2.5
> median(x)                        #求中位数
[1]  2.5
> sd(x)                            #求标准差
 1.290994
> var(x)                           #求方差
[1]  1.666667
> mad(x)                           #求绝对中位差
 1.4826
> quantile( x, c(.3, .84 ) )       #求 x 的 30%和 84%分位点
30% 84%
   1.90  3.52
> range(x)                         #求值域
1 4
> sum(x)                           #求和
10
> min(x)                           #求最小值
1
```

```
>   max(x)                                        #求最大值
    4
```

3.2.2 字符处理函数

1. 正则表达式

正则表达式是对字符串操作的一种逻辑公式,它不是 R 语言的专属内容,而是程序设计语言处理字符串的通用方式。正则表达式中包括普通字符,例如 a 到 z 之间的字母以及特殊字符,称为"元字符"。常见的元字符见表 3-5。

表 3-5　常见的元字符

符号	含　义	符号	含　义
\\	转义字符	( )	提取匹配的字符串
|	可选项	[ ]	选择中括号中的任意一个字符
$	放在句尾,表示一行字符串的结束	{ }	前面的字符或表达式的重复次数
.	除了换行以外的任意字符	*	前面的字符或表达式重复 0 次或多次
^	匹配字符串的位置	+	前面的字符或表达式重复 1 次或多次
?	前面的字符或表达式重复 0 次或 1 次		

正则表达式符号的运算顺序可以总结为:圆括号内的表达式最优先;然后是表示重复次数的操作,例如 *、+、{ };接下来是连接运算符;最后是表示可选项的运算符 |。R 语言中,将反斜杠 \ 作为一个转义符。输入"? Quotes"可查看转义符的用法。常用的转义符如表 3-6 所示。

表 3-6　常用的转义符

符号	含　义	符号	含　义
\t	tab	\v	vertical tab
\b	backspace	\	backslash \
\a	alert (bell)	'	ASCII apostrophe'
\f	form feed	"	ASCII quotation mark "

2. 字符处理函数

R 语言提供了很多字符处理函数,常用的函数如表 3-7 所示。

表 3-7　常用的字符处理函数

函　　数	描　　述
strsplit()	字符串分割
paste()	字符串连接
nchar()	计算字符数量
substr(x,start,stop)	提取或替换一个字符向量中的字串
strsplit(x,split,fixed=FALSE)	在 split 处分隔字符向量 x 中的元素
grep()	正则表达式函数,用于查找
sub()	正则表达式函数,用于替换
chartr()	字符串替换
toupper()	切换大写字母
tolower()	切换小写字母

字符处理函数使用方法示例如下。

```
> myresult <- strsplit ("123abcdefgabcdef", split = "ab")    #用分割参数分割
> myresult
[1]  "123"  "cdefg"  "cdef"
> temp_1 <-   c("a", "b", "c")
> temp_2 <-   c("1", "2", "3")
> paste ( temp_1, temp_2, sep = "_")                 #两个字符串连接:sep
[1]  "a_1"  "b_2"  "c_3"
> paste( temp_1, collapse = "_")                     #一个字符串向量内部连接
 "a_b_c"
> paste (temp_1, temp_2, sep = "_", collapse = ":")   #字符串内外都用的模式
[1]  "a_1 : b_2 : c_3"
> nchar("abc")                                       #求字符数量
 3
> substr("abcdef", start = 2, stop = 4)              #提取子串
 "bcd"
> substring( "abcdef",first = 2)                     #提取子串
 "bcdef"
> temp_3 <- rep("abcdef", 3)                         #重复
> temp_3
 "abcdef"  "abcdef"  "abcdef"
> nchar(temp_3)
 6 6 6
> substr (temp_3, 1:3, 4:6)            #头部从 1 到 3,尾部从 4 到 6 的子串截取
 "abcd"  "bcde"  "cdef"
> x2 <- c("asfef", "qwerty", "yuiop", "b")
```

```
> chartr(old = "sey", new = "123", x2)          #字符替换
[1] "a1f2f"   "qw2rt3"   "3uiop"   "b"
```

除了 R 语言基础包中的字符处理函数外,用户也会经常使用第三方包 stringr,其函数命名为"str_XXX"形式,具有规范和标准的参数定义,能够有效地提高代码的编写效率。stringr 包常用的字符处理函数有:字符串拼接,如 str_c(),将多个字符串或向量拼接为一个字符串;str_trim(),去掉字符串的空格;str_pad(),可以补充字符串的长度;复制字符串,如 str_dup(),用于对字符串或向量的重复复制;str_sub(),用于在指定位置截取子字符串;此外,还有字符串值排序函数 str_sort()、字符串分割函数 str_split()、字符串匹配函数 str_subset()、字符串替换函数 str_replace()、字符编码转换函数 str_conv()以及字符串计算函数,如 str_count()和 str_length()等。

3.2.3 日期处理函数

日期是重要且特殊的一类数据,通常以字符串的形式输入,但字符型的日期值无法进行计算,因此 R 语言提供了相关处理函数,将字符型的日期值转换成日期变量,实现计算需求,并转换为数值形式存储。as.Date()函数用于将字符型变量转换为日期型,但是转换时需按照一定的规范格式:当输入默认格式"yyyy-mm-dd"时,字符可以自动转换为对应的日期;当输入其他格式时,需要用到格式转换。同样,可使用 as.character()函数将日期转换为字符型数据,转换后可以使用一系列的字符处理函数,如取子集、替换、连接等函数。表 3-8 列出了常用的日期格式,表 3-9 列出了常用的日期函数。

表 3-8 常用的日期格式

符号	含 义	示例	符号	含 义	示例
%d	数字表示的日期	01~31	%Y	四位数的年份	2022
%a	缩写的星期名	Mon	%H	24 小时制小时	00~23
%A	非缩写的星期名	Monday	%I	12 小时制小时	01~12
%w	数字表示	0~6	%p	AM/PM 指示	AM/PM
%m	数字表示的月份	01~12	%M	十进制的分钟	00~60
%b	缩写的月份	Jan	%S	十进制的秒	00~60
%B	非缩写的月份	January	%y	两位数的年份	21

表 3-9 常用的日期函数

函 数	功 能
Sys.Date()	返回系统当前的日期
Sys.time()	返回系统当前的日期和时间
date()	返回系统当前的日期和时间(返回的值为字符串)

续表

函　　数	功　　能
as.Date()	将字符串形式的日期值转换为日期变量
as.POSIXlt()	将字符串转换为包含时间和时区的日期变量
strptime()	将字符型变量转换为包含时间的日期变量
strftime()	将日期变量转换为指定格式的字符型变量
format()	将日期变量转换为指定格式的字符串

　　Sys.Date()、Sys.time()和 date()三个函数都是返回当前日期和时间。format()函数主要用于将日期变量转换为指定格式的字符串。

```
> Sys.Date()
[1] "2022-01-12"
> Sys.time()
[1] "2022-01-12 09:44:58 CST"
> date()
[1] "Wed Jan 12 09:46:16 2022"
> format(Sys.time(),format="%B-%d-%Y")
[1] "一月-12-2022"
```

　　as.Date()函数和 as.POSIXlt()函数也是常用的日期处理函数。as.Date()函数将字符串形式的日期值转换为日期变量,对于标准格式,即形如"yyyy-mm-dd"或"yyyy/mm/dd"格式的时间数据,可以直接转换为 Date 类型;对于非标准格式,在 as.Date()函数中可以增加一个 format 选项,通过 format 表达式读入指定的格式。as.POSIXlt()函数将字符串转换为包含时间及时区的日期变量,它以列表的形式把字符串型日期时间值分成年、月、日、时、分、秒,进行存储。在返回结果中,UTC 为世界标准时间,和 GMT(Greenwich Mean Time,格林威治标准时间)大致等同,是世界时间参考点。CST 可同时代表不同时区的标准时间,如美国、澳大利亚、古巴或中国的标准时间,与 R 语言所使用的操作系统时间配置相一致。

```
> as.Date("2022/1/10")
[1] "2022-01-10"
> as.Date(c("2022-1-10", "2022-1-11"))
[1] "2022-01-10" "2022-01-11"
> as.Date("1/10/2022", format="%m/%d/%Y")     #按照月/日/年的格式输入
[1] "2022-01-10"
> as.POSIXlt("1/10/2022",tz="",format="%m/%d/%Y")
[1] "2022-01-10 CST"
```

　　strptime()函数和 strftime()函数用于数据类型的转换。strptime()函数将字符型变量转换为包含时间的日期变量,strftime()函数将日期变量转换为指定格式的字符型

变量。

```
> strptime("1/10/2022", format="%m/%d/%Y", tz="")
[1] "2022-01-10 CST"
> strftime("2022-01-10 19:33:02 CST", format="%Y/%m/%d")
[1] "2022/01/10"
```

以下为日期处理函数的综合使用案例。

```
#新建一个字符型日期数据变量
> x <- c("2022-02-08 10:07:52", "2022-08-07 19:33:02")
> is.character(x)                              #字符型
[1] TRUE
> as.POSIXlt(x, tz = "", "%Y-%m-%d %H:%M:%S")
[1] "2022-02-08 10:07:52 CST" "2022-08-07 19:33:02 CST "
> as.Date(x, "%Y-%m-%d")
[1] "2022-02-08" "2022-08-07"
> (x <- strptime(x, "%Y-%m-%d %H:%M:%S"))
[1] "2022-02-08 10:07:52 CST" "2022-08-07 19:33:02 CST "
> strftime(x, format = "%Y/%m/%d")
[1] "2022/02/08" "2022/08/07"
> class(x)
[1] "POSIXlt" "POSIXt"
#输出的格式转换为 format 定义的格式
> format(x, "%d/%m/%Y")
[1] "08/02/2022" "07/08/2022"
```

3.2.4 自定义函数

R 语言可以灵活使用自定义函数来完成较大规模的程序。自定义函数的结构如下。

```
myfunction <- function ( arglist ) {
    statements
    return ( object )
}
```

其中,myfunction 为函数名称,arglist 为函数中的参数列表,大括号"{}"内的语句为函数体,函数参数是函数体内部将要处理的值。函数中的对象只能在函数内部使用。函数体通常包括三部分:

(1) 异常处理,若输入的数据不能满足函数计算的要求,或者类型不符,则应设计相应的机制提示哪个地方出现错误;

(2) 运算过程,包括具体的运算步骤;

(3) 返回值,表示函数输出的结果,一般用 return()函数给出。函数在内部处理过程中,一旦遇到 return()函数,就会终止运行,将 return 内的数据作为函数处理的结果返回。当没有写 return()函数时,R 语言默认将最后一行作为返回值。如果函数的结果需要有多个返回值,可以创建一个 list()函数并返回该对象。自定义函数的示例如下。

```
> #例1:加法运算
> S <- function(x,y){
+    a <- x+y
+    return(a)
+ }
> S(2, 3)
5
> #例2:求向量中的偶数个数
> Ans <- function(x){
+    k=0
+    stopifnot(is.numeric(x))                    #异常处理
+    for(i in x){
+      if (i %% 2==0){
+        k = k+1
+      }
+    }
+    return(k)
+ }
> Ans(1:10)
5                                                #1到10里面有5个偶数
> #例3:z=x的平方+y的平方,求x+y+z的值,不使用return()函数
> a<- function(x, y){ z <- x^2 + y^2; x+y+z }
> a(0:7, 1)                                      #x=0~7,y=1,代入函数a
[1]  2  4  8  14  22  32  44  58
> (function(x, y){ z <- x^2 + y^2; x+y+z })(0:7, 1) #另一种写法
 2  4  8  14  22  32  44  58
> #例4:用于将矩阵与其转置相乘,符号为%*%
> norm <- function(x)   sqrt(x%*%x)
> norm(1:4)
      [,1]
[1,] 5.477226
> #可以自行分解
> (1:4)%*%(1:4)                                  #向量(1,2,3,4)与其转置相乘
      [,1]                                       #结果是1行1列的矩阵
[1,]   30
> sqrt((1:4) %*% (1:4))
        [,1]
[1,] 5.477226
> class(sqrt((1:4) %*% (1:4)))                   #结果是矩阵类型
[1] "matrix" "array"
```

3.2.5　函数的嵌套

在 R 语言的数据处理中,有时为了完成某项操作通常需要使用不止一个函数,而且需要将上一个函数的结果作为下一个函数的输入,嵌套多次之后才得到最终结果,这称为函数的嵌套。在嵌套过程中,需要注意函数中变量的作用范围。变量分为全局变量和局部变量两种,在函数内部对变量赋值,则这个变量属于局部变量,仅在函数内部有效;当在函数定义之前对变量赋值,并且在函数内部使用这个变量,则这个变量属于全局变量。具体用法如下所示。

```
> #例1:函数中嵌套函数,x和y是函数的参数
> S <- function(x,y){
+    a <- x + y
+    b <- function(){
+       return(a * 2)
+    }
+   return(b())
+   }
> S(2,3)
[1] 10
```

```
> #例2:函数中调用其他自定义函数,注意变量的作用范围
>   y <- 10
>   f <- function( x ){
+      y <- 2
+      y^2 + g(x)
+   }
>   g <- function(x){
+      x * y
+   }
>   f(5)
[1]  54
```

如例 2 所示,在 f()函数中,y 是局部变量,被赋值为 2;在 g()函数中,y 是全局变量,y 的取值是在定义 g()函数时决定的,因此 y 的取值是 10 而不是 2。求值 f(5)时,结果为 $y^2 + g(x) = 2^2 + g(5) = 2^2 + 5 * 10 = 54$,返回值为 54。

◆ 3.3　apply 函数族

3.3.1　函数族

在进行数据批量处理时,虽然可以使用 for 循环在数据对象上重复执行表达式,但实践中,for 循环往往是最后的选择,因为每次迭代重复都是相互独立的,效率比较低,所以

通常尽量使用向量化操作来代替循环操作,用更简洁、更快速的方式来实现相同的效果。向量化操作,是同时对一批值或者一批变量做相同的计算操作,这种操作效率高、快速简洁。

　　apply 函数族是 R 语言中数据处理的一组常用核心函数的集合,可以实现对数据的循环、分组、计算、过滤、控制,并返回结果,能够对数据进行向量化操作,解决数据 for 循环处理速度慢的问题。为了面向不同的数据类型和不同的返回值要求,这些功能类似的函数成了一个函数族,主要包括函数 apply()、lapply()、sapply()、tapply()、mapply()、rapply()、vapply()、eapply()等。apply 函数族中常用的函数如表 3-10 所示。

表 3-10　apply 函数族中常用的函数

函 数 名	使 用 对 象	返 回 结 果
apply()	矩阵、数组、数据框	向量、数组、列表
lapply()	列表、向量	列表
sapply()	列表、数据框、向量	向量、数组
tapply()	不规则数组	列表
mapply()	列表、向量	列表

3.3.2　apply()函数

　　apply()函数可以对矩阵、数据框和数组按行或列进行计算并返回计算结果,是常用的代替 for 循环的函数。使用"? apply"可查看详细的说明,语法格式为 apply(x,MARGIN,FUN,…),其中,x 表示需要处理的数据;MARGIN 表示对哪个维度使用函数;FUN 则是所使用的函数,既可以是自定义的函数,也可以是 R 自带的函数;"…"表示 FUN 函数的其他参数。

```
> (x <- matrix(1:20,ncol=4))
   [,1] [,2] [,3] [,4]
[1,]  1   6   11   16
[2,]  2   7   12   17
[3,]  3   8   13   18
[4,]  4   9   14   19
[5,]  5  10   15   20
>  apply(x,1,mean)               #维度为1:行,使用mean()函数
[1] 8.5 9.5 10.5 11.5 12.5
>  apply(x,2,mean)               #维度为2:列
[1] 3 8 13 18
>  apply(x,1,max)                #维度为1:行,使用max()函数
[1] 16 17 18 19 20
```

　　Iris 鸢尾花卉数据集是常用的分类实验数据集,包含 150 个数据样本,分为 3 类,每

类 50 个数据,每个数据包含 4 个属性:花萼长度、花萼宽度、花瓣长度、花瓣宽度,预测鸢尾花卉属于三个种类(Setosa,Versicolour,Virginica)中的哪一类。apply()函数在 Iris 数据集上的实验如下所示。

```
> class(iris)
[1] "data.frame"
> dimnames(iris)[[2]]                    #显示列的名字,等同于 colnames(iris)
[1] "Sepal.Length" "Sepal.Width"  "Petal.Length" "Petal.Width"  "Species"
> head(iris)                             #显示数据集中前面几行数据
    Sepal.Length    Sepal.Width    Petal.Length    Petal.Width    Species
1       5.1            3.5            1.4             0.2          setosa
2       4.9            3.0            1.4             0.2          setosa
3       4.7            3.2            1.3             0.2          setosa
4       4.6            3.1            1.5             0.2          setosa
5       5.0            3.6            1.4             0.2          setosa
6       5.4            3.9            1.7             0.4          setosa
> apply(iris[ ,1:4],1,mean)             #前四列数据,按行,求均值
  [1] 2.550 2.375 2.350 2.350 2.550 2.850 2.425 2.525 2.225 2.400 2.700 2.500
 [13] 2.325 2.125 2.800 3.000 2.750 2.575 2.875 2.675 2.675 2.675 2.350 2.650
 [25] 2.575 2.450 2.600 2.600 2.550 2.425 2.425 2.675 2.725 2.825 2.425 2.400
 [37] 2.625 2.500 2.225 2.550 2.525 2.100 2.275 2.675 2.800 2.375 2.675 2.350
 [49] 2.675 2.475 4.075 3.900 4.100 3.275 3.850 3.575 3.975 2.900 3.850 3.300
 [61] 2.875 3.650 3.300 3.775 3.350 3.900 3.650 3.400 3.600 3.275 3.925 3.550
 [73] 3.800 3.700 3.725 3.850 3.950 4.100 3.725 3.200 3.200 3.150 3.400 3.850
 [85] 3.600 3.875 4.000 3.575 3.500 3.325 3.425 3.775 3.400 2.900 3.450 3.525
 [97] 3.525 3.675 2.925 3.475 4.525 3.875 4.525 4.150 4.375 4.825 3.400 4.575
[109] 4.200 4.850 4.200 4.075 4.350 3.800 4.025 4.300 4.200 5.100 4.875 3.675
[121] 4.525 3.825 4.800 3.925 4.450 4.550 3.900 3.950 4.225 4.400 4.550 5.025
[133] 4.250 3.925 3.925 4.775 4.425 4.200 3.900 4.375 4.450 4.350 3.875 4.550
[145] 4.550 4.300 3.925 4.175 4.325 3.950
> apply(iris[ ,1:4],2,mean)             #前四列数据,按列,求均值
Sepal.Length    Sepal.Width  Petal.Length    Petal.Width
5.843333        3.057333      3.758000       1.199333
```

3.3.3 tapply()函数

tapply()也是常用的函数,格式为 tapply(x, INDEX, FUN=NULL, …, simplify=TRUE),作用是把 FUN 函数根据 INDEX 索引应用到 x 数据,可以理解为将数据按照不同方式分组,生成类似列联表形式的数据结果。tapply()函数在 Iris 数据集上的实验如下所示。

```
> tapply(iris$Sepal.Length, iris$Species, mean)
 setosa    versicolor   virginica
 5.006      5.936        6.588
```

3.3.4 lapply()函数

lapply()函数主要用于列表等数据结构,格式为 lapply(x,FUN,…),作用是将函数 FUN 运用到列表的每一个元素,对列表、数据框等数据集进行循环,返回值为列表。lapply 函数在 Iris 数据集上的实验如下所示。

```
> lapply(iris[,1:4],mean)
$`Sepal.Length`
[1] 5.843333

$Sepal.Width
[1] 3.057333

$Petal.Length
[1] 3.758

$Petal.Width
[1] 1.199333
```

3.3.5 sapply()函数

sapply()函数和 lapply()函数类似,但是返回的数据结构更灵活。sapply()函数的格式为 sapply(x,FUN,simplify=TRUE,USE.NAMES=TRUE,…),其中,simplify 参数用来调整输出的数据格式,输入为列表,返回值为向量。sapply 函数在 Iris 数据集上的实验如下所示。

```
> sapply(iris[,1:4],mean)
Sepal.Length  Sepal.Width  Petal.Length  Petal.Width    Species
   5.843333     3.057333      3.758000     1.199333        NA
```

3.4 数据输入与输出

3.4.1 数据输入

R 语言可以从键盘、文本文件、Microsoft Excel 和 Access、流行的统计软件、特殊格式的文件以及多种关系型数据库中导入数据。文本文件可被几乎所有的数据分析软件读取,其数据若为类似电子表格的数据,通常带有分隔符,包括逗号分隔值(CSV)和制表符分隔值(TXT),以后缀区分。read.table()函数读取这些文本文件,并将结果存储在一个数据框中。如果使用 Rstudio,可以使用其提供的数据导入功能。

1. 利用 RStudio 导入数据

Studio 顶部菜单选择 Tools->Import Dataset->From Local File，弹出窗口选择要导入的数据文件，然后按照提示导入。若数据文件中包含了列名，则在 Heading 选择 yes；若文件中列是用逗号分隔的，则 Separator 选择 Comma。单击 Import 即可导入数据并保存对象。

2. 利用函数导入数据

对于数据文件或结构化文本文件，主要使用 read.table()、read.csv() 等函数进行操作。read.table() 的参数包括 header = TRUE，表明有标题行；sep=","，表明使用逗号作为字段之间的分隔符；nrow 可以指定读取数据的行数；skip 决定跳过文件开始的多少行；fill = TRUE 表示会使用 NA 值代替缺失的值。此外还有更多选项包括覆盖默认的行名、列名和类，指定输入文件的字符编码以及输入的字符串格式的列声明等。当数据文件不在当前工作目录中，则需加上正确的相对或绝对路径。

对于非结构化文本文件，如果文件的结构松散，可先读入文件中的所有文本行，再对其内容进行分析或操作，如使用 readLines() 函数读取文件、writeLines() 函数执行写操作。在 Windows 系统中，可以使用 RODBC 包、xlsx 包等包来访问 Excel 文件。

```
> read.table("sample.txt", header=T, sep=",")    #读入文本文件
> read.csv("sample.csv", header=T, sep=",")       #读入 csv 文件
> read.spss("sample.sav")                         #读入 SPSS 数据
> readtemptxt <- readLines("sample.txt")          #读入文件
> writeLines("sample.txt", "add a new line")      #写入文件
> library(xlsx)
> read.xlsx("sample.xls")                         #读入 Excel 文件
```

R 语言也支持网络爬虫，即抓取网络数据，rvest 是较为常用的包。其他如 quantmod 包，用于金融建模；RCurl 包，实现 HTTP 的一些功能，如从服务器下载文件、保持连接、上传文件、采用二进制格式读取、句柄重定向、密码认证等。

3.4.2 数据输出

R 语言提供了多种数据输出方式，根据输出的形式分为以文本文件输出和以图片形式输出。

1. 以文本文件输出

使用 write.table() 将内容导出为文本文件，使用 write.csv() 将内容导出为 csv 文件。

```
>age <- c(22,23)
>name <- c("ken", "john")
```

```
>f <- data.frame(age, name)
>write.table(f, file ="f.csv", row.names = FALSE, col.names = FALSE, quote =
FALSE)
```

2. 以图片形式输出

在 R 语言中绘制的图片可以用 png、jpeg、pdf 命令保存为相应格式的图片文件。

```
>png(file="myplot.png", bg="transparent")   #保存为 PNG 格式:
>jpeg(file="myplot.jpeg")                    #保存为 JPEG 格式
>pdf(file="myplot.pdf")                      #保存为 PDF 格式
```

◇ 3.5 综合实验

3.5.1 实验 1：编写自定义函数

1. 实验目标

掌握控制结构的使用方法；掌握自定义函数的方法。

2. 实验内容

(1) 判断 101～200 有多少个素数，并输出所有素数。
(2) 编写一个自定义函数，求两个矩阵的乘积，并找出乘积矩阵中的最大元素。

3. 实验步骤

(1) 判断 101～200 有多少个素数，并输出所有素数。

```
> tmp <- 0                              #存放素数个数
> i <- 101
> while (i <= 200){                     #i 从 101 计算到 200
+      fg <- 0                          #用来判断是否能输出
+      j <- 2                           #用来除去要判断的数,从 2 开始
+      while (j < sqrt(i-1)){           #循环判断
+          if (i %% j == 0){            #这里求素数,能被整除则不为素数
+              fg = 1                    #这里代表可以整除
+              break                     #这里用来停止
+          }
+          j <- j + 1
+      }
+      if (fg == 0){                     #判断是否可以输出
+        print(i)                        #输出为素数的数
+         tmp <- tmp + 1
```

```
+            }
+        i <- i + 1                              #进行下一个数的判断
+        }

#即将输出结果略
> tmp
[1] 23
```

（2）编写一个自定义函数，求两个矩阵的乘积，并找出乘积矩阵中的最大元素。

```
> myfunction <- function(x, y) {
+        m1 <- ncol(x)
+        n  <- nrow(y)
+        if (m1 != n) {
+           #第一个矩阵的列数等于第二个矩阵的行数时才能相乘
+           print("error dimension is not suitable")
+           return(0)
+        }
+        m <- nrow(x)
+        n1 <- ncol(y)
+        s <- matrix(0, m, n1)
+        for (i in 1:m) {
+          for (j in 1:n1) {
+            s[i, j] <- sum(x[i, ], y[, j])
+               #相乘后第 i 行第 j 列的元素等于第一个矩阵第 i 行乘以第 j 列元素再相加
+          }
+        }
+        return(s)
+      }
> x <- matrix(c(1:10), 5, 2, byrow = TRUE)
> y <- matrix(c(1:10), 2, 5, byrow = FALSE)
> myfunction(x, y)
     [,1] [,2] [,3] [,4] [,5]
[1,]   6   10   14   18   22
[2,]  10   14   18   22   26
[3,]  14   18   22   26   30
[4,]  18   22   26   30   34
[5,]  22   26   30   34   38
> s <- myfunction(x, y)
> max <- s[1,1]                              #假设 s 矩阵的第一个元素为最大值
> for(i in 1:nrow(s) ){
+      for (j in 1:ncol(s) ){
+            if (s[i,j] > max){
```

```
+                max <- s[i,j]
+                }
+            }
+        }
> print(max)
[1] 38
```

3.5.2　实验 2：百分制成绩换算

1. 实验目标

掌握控制结构的使用方法；掌握自定义函数的使用方法。

2. 实验内容

定义一个函数，将百分制成绩换算为等级制成绩，换算标准为：A（大于等于 90）、B（大于等于 80）、C（大于等于 70）、D（大于等于 60）、E（小于 60）。使用这个函数对一组学生的百分制成绩进行换算。

3. 实验步骤

定义该函数，并使用这个函数对一组学生的百分制成绩进行换算。

```
> S <- function(x){                    #新建一个函数
+    m <- 1
+    result <- ""
+    for(i in x){                       #for 循环,对向量数据执行一个遍历
+      if (i < 60){                     #分支语句:if-else(将百分制成绩换算为等级制)
+          result[m] <- "E"
+      }else if (i> =60 & i<70){        #使用 & 符号来连接两个条件
+          result[m]<- "D"
+      }else if (i >= 70 & i < 80){
+          result[m] <- "C"
+      }else if (i >= 80 & i < 90){
+           result[m] <- "B"
+      }else{
+          result[m] <- "A"
+      }
+      m <- m+1
+    }
+    return(result)                     #函数返回值
+  }
> a <- c(20,70,56,78,89,86,94)         #学生成绩
```

```
> S(a)
[1]"E" "C" "E" "C" "B" "B" "A"
```

3.5.3　实验 3：两种方法实现数据处理

1. 实验目标

掌握 apply 函数族的使用方法；掌握控制结构的使用方法。

2. 实验内容

使用两种方法（for 循环和 apply 函数族），计算列表 x <- list(a＝1：5,b＝exp(0：3))中的各子列表的最大值、最小值与中位数。

3. 实验步骤

```
>#方法 1:for 循环计算
> x <- list(a = 1:5, b = exp(0:3))
> for(i in x){
+        print(paste("最大值:",max(i)))
+        print(paste("最小值:",min(i)))
+        print(paste("中位数:",median(i)))
+      }
[1] "最大值: 5"
[1] "最小值: 1"
[1] "中位数: 3"
[1] "最大值: 20.0855369231877"
[1] "最小值: 1"
[1] "中位数: 5.05366896369485"
>#方法 2:apply 循环计算
> lapply(x, max)
$a
[1] 5
$b
[1] 20.08554
> lapply(x, min)
$a
[1] 1
$b
[1] 1
> lapply(x, median)
$a
[1] 3
```

```
$b
[1] 5.053669
```

3.5.4 实验 4：实现爬虫功能

1. 实验目标

掌握获取外部数据的方法。

2. 实验内容

(1) 简单爬取北京交通大学新闻网页,将新闻题目存储为.txt 或.csv 文件。

(2) 爬取当当网或京东网上关于数据科学类的图书排名及价格,将数据存储为.csv
文件。

3. 实验步骤

(1) 简单爬取北京交通大学新闻网页,将新闻题目存储为.txt 或.csv 文件。

```
> install.packages("rvest")        #下载 rvest 包,rvest 是 R 用户使用率最高的爬虫包
> library(rvest)                         #打开 rvest 包
> url <- http://news.bjtu.edu.cn/       #输入北京交通大学新闻网的网址
> web <- read_html(url)                  #使用 read_html 读取网页
> #提取所需要的站点并使用 html_nodes 爬取站点内容
> news1 <- web %>% html_nodes("div.left_onediv ul li")
> #提取站点中的文本部分-即新闻题目
> title1 <- news1 %>% html_text()
> #继续提取其他部分的新闻题目
> news2 <- web %>% html_nodes("div.yaowen_right h2 a")
> title2 <- news2 %>% html_text()
> news3 <- web %>% html_nodes("div.yaowen_right ul li")
> title3 <- news3 %>% html_text()
> #将新闻题目存储成.csv 文件
> write.csv(title,file="title.csv")
```

(2) 爬取当当网或京东网上关于数据科学类的图书排名及价格,将数据存储为.csv
文件。

```
> install.packages("rvest")                              #下载 rvest 包
> library(rvest)                                          #打开 rvest 包
> #输入网页的网址
> url <- "https://list.jd.com/list.html?cat=1713,3287,3797"
> #用 rvest 中的函数读取网页
> web <- read_html(url)
```

```
> price <- web %>% html_nodes("div.p-price i") %>% html_text()    #价格信息
> name <- web %>% html_nodes("div.p-name a em") %>% html_text()    #书名信息
> book <- data.frame(name,price)                                  #将价格和书名合并
> write.csv(book,file="book.csv")                                 #存储成 csv 文件
```

◇ 思考与练习

一、单选题

1. 下列能返回不小于 x 的最小整数的数学函数是(　　)。

　　A. trune()　　　　　B. floor()　　　　　C. ceiling()　　　　D. mad()

2. 下列不属于 apply 函数使用对象的是(　　)。

　　A. 矩阵　　　　　　B. 向量　　　　　　C. 数组　　　　　　D. 数据框

3. 在 ifelse(condition，statement1，statement2)语句中，当 condition 为 TRUE 时执行的语句是(　　)。

　　A. statement1　　　B. statement2　　　C. statement3　　　D. condition

4. 在 switch(expression，list)语句中，当 list 是有名定义、表达式等于变量名时，返回的结果是(　　)。

　　A. 列表相应位置的值　　　　　　　　B. 变量名对应的值

　　C. NULL　　　　　　　　　　　　　　D. 列表名

5. 下列不属于条件分支语句的数据分析的应用场景是(　　)。

　　A. if-else 语句　　B. for 循环语句　　C. switch 语句　　D. ifelse 语句

6. 能让 while(i<=10){expr}语句停止循环的选项是(　　)。

　　A. i==10　　　　　B. i==11　　　　　C. i==5　　　　　　D. i==1

7. 函数体不包括(　　)部分。

　　A. 异常处理　　　　B. 返回值　　　　　C. 输入值　　　　　D. 运算过程

二、思考题

1. 在 R 语言中调用函数有什么方法？

2. 如何在 R 语言中加载和使用.csv 文件？

3. apply()函数在 R 语言中的用途是什么？

第 4 章

数据可视化

◇ 4.1　绘图基础

图形具有直观性和简单性，可以展示数据与数据间的关系，在科学研究和实际应用中十分重要。R 语言除了具有强大的数据处理和分析能力，在数据可视化中同样具有灵活和强大的功能。

R 安装后会自带一个基础绘图包 graphics，用户可以通过包中的绘图函数及相应的参数选项完成绘图。绘图包中的函数可分为高级绘图函数和低级绘图函数两个主要类别。使用高级绘图函数可创建出一个新图形，例如散点图、折线图、直方图、饼图等，含有图形的基本元素。使用低级绘图函数可在新图形上添加更多元素，例如额外的点、线和标签等元素。每个函数通过其参数的设置对图形进行绘制，绘制后的图形可以以多种格式输出，满足用户多样化要求。使用 help("graphics") 可查看绘图包的更多信息。

4.1.1　高级绘图函数

高级绘图函数可以自动生成一幅完整的图形，这类函数包括通用绘图函数 plot() 和绘制特定图形类型的函数，例如 hist()、boxplot() 等。高级绘图函数运行时，将清除当前的图形，绘制一幅新的图形。

1. plot() 函数

在 R 中经常使用的绘图函数是 plot() 函数。plot() 是一个高级绘图函数，也是 R 基础包中的函数，用于灵活绘制多种类型的二维图形。plot() 函数格式如下。

```
plot(xy坐标数据, type 类型, main 标题, sub 副标题, xlab X轴标题, ylab Y轴
标题, …)
```

plot() 可以灵活生成多种类型的图形，如散点图、折线图、直方图等，绘制的图形类型取决于数据参数。如果 x 和 y 是数值向量，plot(x, y) 默认生成 y 对 x 的散点图；如果 x 是因子，plot(x) 生成条形图，等等。这是由于 plot() 函数是一个泛型函数，泛型函数是 R 语言中最主要的面向对象的体现，可以理解成 plot

是一个函数族,在调用 plot()函数时,R 语言会根据传入的第一个参数的数据类型自动匹配 plot 族中的函数绘制图形,使用 method(plot)可看到 plot 族的所有函数,包括 plot. default、plot.data.frame、plot.density、plot.factor 等,详见第 8 章面向对象编程章节。这样,plot()函数提供了更为方便、灵活、可拓展的功能。另外,图形的类型也可根据 type 参数指定。表 4-1 列出了 plot()函数部分参数的描述。

表 4-1   plot()函数参数描述

参 数 名 称	描 述
x	横坐标 x 轴的数据集合
y	横坐标 y 轴的数据集合
type	设置绘图类型。type="p"绘制散点图;"l"绘制线图;"b"和"o"绘制线和点;"c"绘制虚线图;"h"绘制点到横坐标轴的垂直线;"s"和"S"绘制阶梯图;"n"为空图
xlim	设置 x 轴的范围(x1, x2),若 x1>x2 则 x 轴反转
ylim	设置 y 轴的范围(y1, y2),若 y1>y2 则 y 轴反转
log	设置坐标轴是否取对数
main	图形的主标题
sub	图形的副标题
xlab	设置 x 轴的标签,默认为"x"
ylab	设置 y 轴的标签,默认为"y"
ann	表示是否绘制坐标轴的标签和图形的标题
axes	表示是否绘制两条坐标轴
frame.plot	表示是否绘制图形外框

下面以 mtcars 数据集为例介绍 plot()函数的用法。mtcars 数据集是美国某杂志收集的 1973 到 1974 年期间 32 种车型的 11 个设计及性能方面的指标,如油耗、重量等。

```
> help(mtcars)                    #查看 mtcars 数据集的帮助文档
> head(mtcars)                    #显示数据集前几行数据
> nrow(mtcars)                    #显示出数据集的总行数
> plot(mtcars$wt, mtcars$mpg)     #绘制 mtcars 关于重量和里程关系的散点图(如图 4-1 所示)
>                                 #以下三行代码绘制同样的散点图
> attach(mtcars)                  #把数据库加入 R 的搜索路径
> plot(wt, mpg)                   #可以省略 mtcars 名称(如图 4-1 所示)
> detach(mtcars)                  #从搜索路径中移出
```

使用 plot()函数将产生一个新图形,但需要注意,在同一绘图窗口不能使用两个 plot()函数,因为后面的 plot()函数会覆盖前面的图。若需要产生多幅图,可使用图形组合函数进行组合(见 4.1.3 节)。

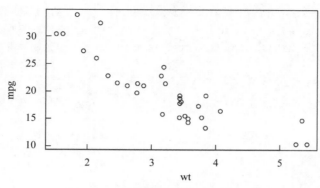

图 4-1　绘制重量和里程关系的散点图

2. 其他高级绘图函数

除 plot() 函数外,还有绘制特定图形类型的其他高级绘图函数。表 4-2 列出了常用的一些高级绘图函数和功能说明。

表 4-2　高级绘图函数及其功能

高级绘图函数	函数功能
plot()	绘制散点图等多种图形
hist()	绘制直方图
boxplot()	绘制箱线图
stripchart()	绘制点图(带状图)
barplot()	绘制条形图
dotplot()	绘制点图
pie()	绘制饼图
matplot()	绘制数学图形

表 4-2 的高级绘图函数均有参数,在没有设定值时使用系统默认值。其中,参数 font 设置字体,lty 设置线类型,lwd 设置线宽度,pch 设置点的类型,xlab 设置横坐标标签,ylab 设置纵坐标标签,xlim 设置横坐标范围,ylim 设置纵坐标范围等。参数的详细设定参见 4.1.2 节。当默认图形参数无法满足实际需要时,可以使用 par() 函数。par() 函数既可以设置大多数图形的全局参数,也可以获得当前图形的各参数值。下例使用高级绘图函数绘制图形(如图 4-2 所示)。

```
> x <- 1:5
> par(font=1)                                    #设定参数
> hist(x, main="直方图", xlab="x")
> stripchart(x, main="点图", xlab="x", ylab="y")    #绘制一维散点图
```

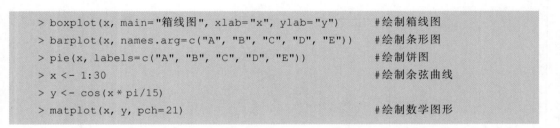

```
> boxplot(x, main="箱线图", xlab="x", ylab="y")       #绘制箱线图
> barplot(x, names.arg=c("A", "B", "C", "D", "E"))   #绘制条形图
> pie(x, labels=c("A", "B", "C", "D", "E"))          #绘制饼图
> x <- 1:30                                          #绘制余弦曲线
> y <- cos(x * pi/15)
> matplot(x, y, pch=21)                              #绘制数学图形
```

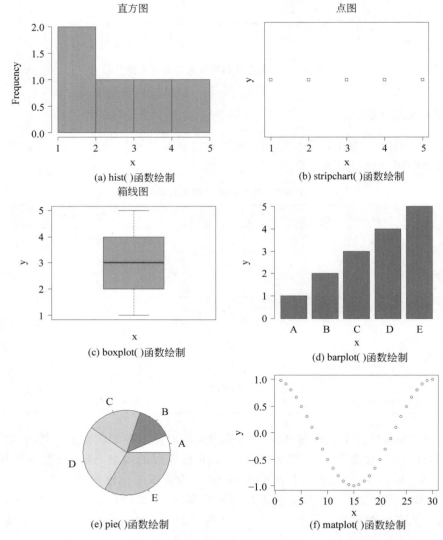

图 4-2　绘制多种类型的图形

下例使用高级绘图函数和 mtcars 数据集绘制图形,得到图形如图 4-3 所示。

```
>##mtcars 数据集中指标的含义,wt:重量,cyl:气缸数,carb:化油器数量
```

```
> attach(mtcars)
> hist(wt)                          #绘制直方图
> boxplot(wt)                       #绘制箱线图
> bardata <- table(cyl, carb)       #table 函数用于记录频数(列联表)详见第 5 章
> barplot(bardata, beside=TRUE)     #绘制条形图,展示类别数据的分布
> pie(table(cyl))                   #绘制饼图
> detach (mtcars)
```

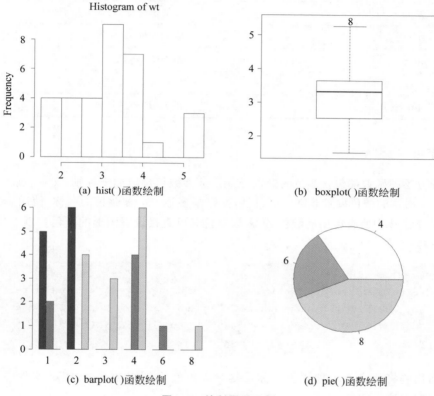

(a) hist( )函数绘制   (b) boxplot( )函数绘制

(c) barplot( )函数绘制   (d) pie( )函数绘制

图 4-3 绘制图形示例

4.1.2 低级绘图函数

高级绘图函数里的参数可以在图形中生成必要的元素,但是如果需要生成更精确的元素,还需要使用低级绘图函数在当前图形上添加元素,例如点、线、图例、坐标轴、文本等。表 4-3 列出了 graphics 包中一些常用的低级绘图函数及其功能。

表 4-3 低级绘图函数及其功能

低级绘图函数	函 数 功 能
lines( )	添加线
curve( )	添加曲线

续表

低级绘图函数	函 数 功 能
abline()	添加给定斜率的线
points()	添加点
segments()	添加折线
arrows()	添加箭头
axis()	添加坐标轴
box()	添加外框
title()	添加图形标题
text()	添加文字
mtext()	添加图边文字

1. 颜色

大部分绘图函数都包含颜色的设置，使用 col 参数可设定如坐标轴、文字、点、线等元素的颜色。R 语言的颜色设置非常丰富灵活，提供了多达 657 种颜色的名称，使用 colors() 函数就可以查看 R 中所有可用的颜色名，根据颜色名可直接设置图形的颜色。以下代码展示了前 20 种颜色名称。

```
> colors()[1:20]
[1] "white" "aliceblue" "antiquewhite" "antiquewhite1" "antiquewhite2"
[6] "antiquewhite3" "antiquewhite4" "aquamarine" "aquamarine1" "aquamarine2"
[11] "aquamarine3" "aquamarine4" "azure" "azure1" "azure2"
[16] "azure3" "azure4" "beige" "bisque" "bisque1"
```

下面代码将所有 657 种颜色名称及其对应颜色条，输出在一个 PDF 文件中，可在工作目录中查看这个文件。

```
> pdf("colors-bar.pdf", height=120)     #在 Rstudio 工作目录下自动生成空文件
> par(mar=c(0, 10, 3, 0)+0.1, yaxs="i") #设置绘图的全局参数
> barplot(rep(1, length(colors())), col=rev(colors()),
+ names.arg=rev(colors()), horiz=T, las=1, xaxt="n",
+ main=expression("Bars of colors in"~ italic(colors())))
> dev.off()                             #关闭基于文件的图形设备，即完成文件的写入
```

以下代码绘图函数使用 col 参数来设置颜色。

```
> plot(c(1:9), type="b", col="black")
> text(6, 5, labels="文字", col="red")
> points(2, 5, col="blue")
```

除了使用 colors()中指定的颜色外,还可以通过 rgb()函数对 RGB 颜色数值进行设定。

```
> (newcol <- rgb(red=126, green=220, blue=200, max=255))
[1] "#7EDCC8"
> plot(c(1:9), type="b", col=newcol)
```

此外,R 语言还提供特定主题的配色函数,如 rainbow()、heat.colors()、terrain.colors()、topo.colors()、cm.colors()等。RColorBrewer 扩展包也是 R 中常用的颜色选取包,它主要有三套配色方案,分别为连续型、极端型和离散型。连续型记作 seq,生成单种颜色连续渐变的系列颜色,通常用于标记连续型数值的大小;极端型记作 div,生成两种渐变颜色,通常用于标记数据中的离群点;离散型记作 qual,生成一系列差异较大且没有明显等级关系的颜色,通常用于标记分类数据。

```
> library(RColorBrewer)
> display.brewer.all(type="seq")
> display.brewer.all(type="div")
> display.brewer.all(type="qual")
> >#以下代码实现使用 Accent 组的第 3~8 种颜色
> barplot(rep(1, 6), col=brewer.pal(8, "Accent")[3:8])
```

2. 文字

文字是绘制图形中经常设置的元素,参数有字体、颜色、大小(缩放倍数 cex)等。font 参数代表字体,它的取值是一个整数,一般用 1、2、3、4 来表示正常体、粗体、斜体和粗斜体。以下代码展示了 4 种常用字体的样式(如图 4-4 所示)。

```
> plot(c(0:5), col="white")
> text(2, 4, labels="font=1:正常字体(默认)", font=1)
> text(3, 3, labels="font=2:粗体字体", font=2)
> text(4, 2, labels="font=3:斜体字体", font=3)
> text(5, 1, labels="font=4:粗斜体字体", font=4)
```

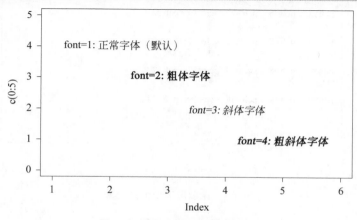

图 4-4　绘制图形中的文字元素

3. 点

points()函数的功能是添加点元素,可以设置的参数有点样式(pch)、颜色、大小等。表 4-4 列出了 points()函数常用的参数。

表 4-4　点元素参数及其描述

参数	描　述
pch	设置点的样式,取整数 0～25 或字符"＊","、",""",".","o","O","0","＋","－","｜"等
cex	设置点的大小,1(默认)表示不缩放,小于 1 表示缩放,大于 1 表示放大
col	设置点边框填充的颜色
bg	设置点内部填充的颜色,仅限 21～25 样式的点
lwd	设置点边框的宽度,1(默认)表示正常宽度,其他数字表示缩放

下列代码展示值为 0～25 的点样式(如图 4-5 所示)。

```
> plot(1, col="white", xlim=c(1, 9), ylim=c(1, 7))
> for(i in c(0:25)){
+     x <- (i %/% 5) * 1+1
+     y <- 6-(i%%5)
+     if(length(which(c(21:25)==i)>=1)){        #21~25的点格式可以设置背景颜色
+         points(x, y, pch=i, bg="red", cex=2)
+     } else {
+         points(x, y, pch=i, cex=2)
+     }
+     text(x+0.2, y+0.2, labels=paste("pch=", i))
+ }
```

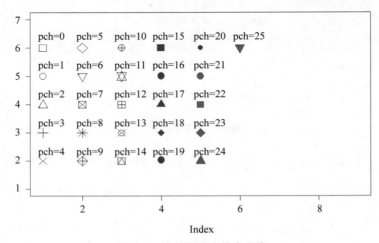

图 4-5　绘制图形中的点元素

4. 线

R 语言提供了绘制线条的多种函数,例如:abline()函数绘制直线,lines()函数绘制曲线,segments()函数绘制两点间线段。lines()函数较灵活,可以通过散点样本的坐标绘制任意曲线。abline()函数根据斜率和截距绘制斜线,也能绘制水平线、垂直线和线性模型回归直线。表 4-5 列出了 abline()函数的使用方法。

表 4-5   abline()函数绘制直线

类　型	形　式	说　明
直线	abline(a, b)	绘制 y＝a＋bx 直线
水平线	abline(h＝y)	绘制水平直线
垂直线	abline(v＝x)	绘制垂直直线
线性模型回归直线	abline(lm, obj)	绘制由 lm 函数获取的回归直线的模型

线可以设置的参数有线条样式、颜色、粗细等。线条样式主要设置线条为实线、虚线、点线或点画线等样式。参数 col 和 lwd 的使用参见点样式参数。lty 参数设置见表 4-6。

表 4-6   lty 参数详细说明

数　值	字　符　串	说　明	数　值	字　符　串	说　明
0	"black"	不画线	4	"dot-dash"	点画线
1	"solic"	实线	5	"longdash"	长画线
2	"dashed"	虚线	6	"twodash"	点长画线
3	"dotted"	点线			

下列代码展示 lty 参数为 0～6 时的线条样式(如图 4-6 所示)。

```
> data=matrix(rep(rep(1:7), 10), ncol=10, nrow=7)
> plot(data[1, ], type="l", lty=0, ylim=c(1, 8), xlim=c(-1, 10), axes=F)
> text(0, 1, labels="lty=0")
> for(i in c(2:7)){
+     lines(data[i, ], lty=i-1)
+     text(0, i, labels=paste("lty=", i-1))
+ }
```

5. 其他元素

在图中还可以增加标题、图例、坐标轴样式等元素。标题元素主要包括主标题、副标题、x 轴标题、y 轴标题,使用 title()函数添加标题,其中 main 参数设置主标题内容和文字属性,sub 参数设置副标题内容和文字属性,xlab 参数设置 x 轴标题内容和文字属性,ylab 参数设置 y 轴标题内容和文字属性。当图形中包含的数据不止一组时,图例可以帮

图 4-6　绘制图形中的线元素

助用户辨别出每个条形、扇形区域或折线各代表哪一类数据,在 R 语言中,使用 legend()
函数添加图例。

　　坐标轴样式的设置主要包括主坐标轴的范围和刻度、副坐标轴(右侧的纵坐标)的相
关属性等。在绘图函数中可以通过参数 axes、xaxt/yaxt、xaxs/yaxs 和 xlim/ylim 设置坐
标轴的样式。此外,axis()函数可以在上、下、左、右 4 个边上设置坐标轴,同时设置坐标
轴的范围、刻度标记等。grid()函数用于设置网格线。下列使用多个函数绘制图形(如
图 4-7 所示)。

```
>x.text=c("1月", "2月", "3月", "4月", "5月", "6月", "7月",
+ "8月", "9月", "10月", "11月", "12月")
>sales.volume=c(150000, 190000, 180000, 92000, 68000, 90000,
+ 56000, 186000, 100000,  89000, 90000, 150000)
>plot(sales.volume,  type="b",  ylim=c(20000, 250000), xaxt="n",
+ main="月销量趋势图", xlab="月份", ylab="销量(元)")
>axis(1, at=1:12,  labels=x.text, tick=FALSE)
>grid(nx=NA, ny=8, lwd=1, lty=2, col="blue")
```

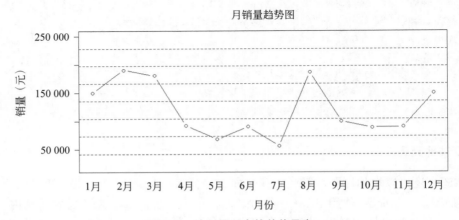

图 4-7　绘制图形中的其他元素

4.1.3 绘制图形

1. 分步绘图

绘制图形时,首先确定要表现的数据,然后通过 plot()等高级绘图函数完成底图的绘制,最后使用低级绘图函数在底图上增加绘图元素。下列代码实现绘制散点图功能(如图 4-8 所示)。

```
> ##  1.生成 0 到 2 之间的 50 个随机数,分别命名为 x,y
> x=runif(50, 0, 2)
> y=runif(50, 0, 2)
> ##  2.绘图:将主标题命名为"散点图",横轴命名为"横坐标",纵轴命名为"纵坐标"
> plot(x, y, main="散点图",  xlab="横坐标", ylab="纵坐标")
> text(0.6, 0.6,  "text at (0.6, 0.6)")
> abline(h=.6, v=.6)
```

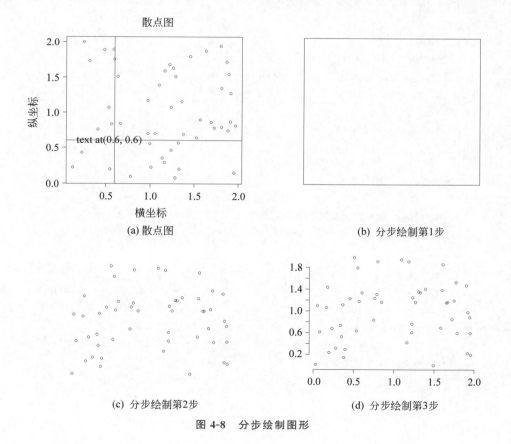

(a) 散点图

(b) 分步绘制第1步

(c) 分步绘制第2步

(d) 分步绘制第3步

图 4-8　分步绘制图形

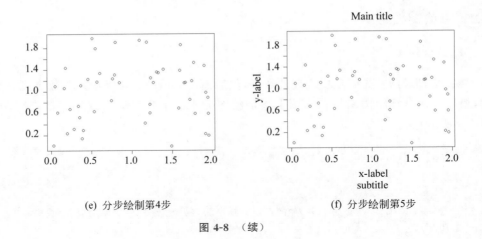

(e) 分步绘制第4步   (f) 分步绘制第5步

图 4-8 （续）

使用绘图函数分步绘制图形的过程如下。

```
> ##生成 0 到 2 之间的 50 个随机数,分别命名为 x, y
> x=runif(50, 0, 2)
> y=runif(50, 0, 2)
> ##1. 绘图:打开绘图窗口,不绘制任何对象
> plot(x, y, type="n", xlab="", ylab="", axes=F)
> ##2. 添加坐标点
> points(x, y)
> ##3. 添加横坐标轴
> axis(1)
> axis(at=seq(0.2, 1.8, 0.2),  side=2)
> ##4. 补齐散点图的边框
> box()
> ##5. 添加标题、副标题、横轴说明、纵轴说明
> title(main="Main title", sub="subtitle", xlab="x-label", ylab="y-label")
```

```
> x=rnorm(100)                          #生成随机数
> hist(x, freq=F)                       #绘制直方图,如图 4-9(a)所示
> curve(dnorm(x), add=T)                #添加曲线,如图 4-9(b)所示
> h=hist(x, plot=F)                     #绘制直方图
> ylim=range(0, h$density, dnorm(0))    #设定纵轴的取值范围
> hist(x, freq=F, ylim=ylim)            #绘制直方图
> curve(dnorm(x), add=T, col="red")     #添加曲线
```

2. 图形组合

在实际应用中,一张画布上有时需要采用多种不同类型的图形综合展示。在 R 中常用函数 par()或 layout()将多幅图形组合为一幅图。表 4-7 描述了 par()函数中常用的参数。

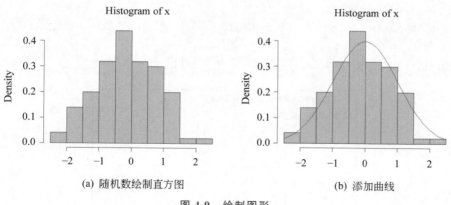

图 4-9　绘制图形

表 4-7　par()函数参数描述

参　　　数	描　　　述
mfrow/mfcol	页面摆放,把一个页面平分成多行和多列,mfrow 从左到右作图,mfcol 从上到下作图
mai/mar	图形边距,mai(英寸边距)和 mar(行边距),四个边距的顺序是下、左、上、右
mgp	坐标轴位置,依次为标题、刻度标签和刻度的位置
oma	外边界宽度;类似 mar,默认为 c(0,0,0,0)

3. 图形输出

在 RStudio 集成开发环境中,生成的图形将直接显示在界面右侧。还可以通过函数 windows()和 X11()将图片输出到屏幕,windows()用于 Windows 系统,X11()用于 UNIX 类型系统。执行以下代码,可出现一个图形设备界面,并显示 plot 的图形。选择界面菜单"文件"下的"另存为",可将产生的图形以不同的文件形式存储(如图 4-10 所示)。

```
> windows()                      #打开图形设备界面
> plot(iris[, 1], iris[, 2])     #iris 鸢尾花数据集中第 1 和第 2 列的数据集合
> X11()                          #打开图形设备界面
> plot(iris[, 3], iris[, 4])     #iris 鸢尾花数据集中第 3 和第 4 列数据集合
```

R 语言不仅能将图形输出到屏幕进行展示和存储,还可以通过函数将图形输出到文件。例如,pdf()函数将图形保存为 pdf 格式,png()函数将图形保存为 png 格式,jpeg() 函数将图形保存为 jpeg 格式,bmp()函数将图形保存为 bmp 格式。此外还可使用 win. metafile()、tiff()、svg()、postscript()等函数保存图形。

```
> pdf("filename.pdf")
> png("filename.png")
> jpeg("filename.jpeg")
```

```
> bmp("filename.bmp")
> pdf("p.pdf")                  #自动生成准备保存图形的空文件,文件默认在工作目录下
> plot(iris[, 3], iris[, 4])    #生成图形
> dev.off()                     #将图形写入文件中,并结束关联
```

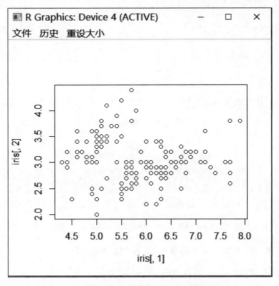

图 4-10　在图形设备中绘制图形

使用菜单也可以将图形输出到文件。在 RStudio 中菜单,单击"Export"下的"Save as PDF"将图片保存为 pdf 格式,单击"Save as Image",选择所需图片格式并保存(如图 4-11 所示)。

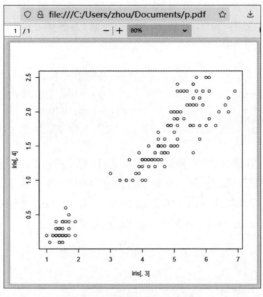

图 4-11　绘制图形的保存

◆ 4.2 绘 图 进 阶

4.2.1 ggplot2 绘图包

ggplot2 是一个著名的图形可视化 R 包,它将常见的统计变换融入到了绘图中,提供了强大的图形模型,可以绘制复杂的精美图形。使用 ggplot2 绘图包前需要安装。

```
> install.packages("ggplot2")
> library("ggplot2")
```

ggplot2 绘图包可以绘制复杂的、基于数据的图形。图形可以理解为是从数据到几何对象和图形属性的一个映射。几何对象(geometric object,记为 geom),如点、线等。图形属性(aesthetic attributes,记为 aes),如颜色、形状等。图形还包括数据的统计变换(statistical transformation,记为 stats)、坐标系(coordinate system,记为 coord)、分面(记为 facet,将绘图窗口分成若干个子窗口)等元素。

ggplot2 绘图包常用的绘图函数有 qplot() 和 ggplot(),用于完成基础图形绘制。绘图包中还包括几何绘图函数(如 geom_XXX)、统计绘图函数(如 stat_XXX)、标度绘图函数(如 scale_XXX)和其他修饰函数(如标题、图例、分面等),可在基础图形上进一步丰富元素。表 4-8 描述了几何绘图函数,表 4-9 描述了统计绘图函数。

表 4-8　几何绘图函数

几何绘图函数	描　　述
geom_area()	绘制面积图(连续的条形图)
geom_bar()	绘制条形图
geom_boxplot()	绘制箱线图
geom_contour()	绘制等高线图
geom_density()	绘制密度图
geom_errorbar()	绘制误差线(通常添加到其他图形上)
geom_histogram()	绘制直方图
geom_jitter()	绘制点(自动添加扰动)
geom_line()	绘制线
geom_point()	绘制散点图
geom_text()	添加文本

表 4-9　统计绘图函数

统计绘图函数	描　　述
stat_abline()	添加线条,用斜率和截距表示
stat_boxplot()	绘制带触须的箱线图

统计绘图函数	描　述
stat_contour()	绘制三维数据的等高线图
stat_density()	绘制密度图
stat_density2d()	绘制二维密度图
stat_function()	添加函数曲线
stat_hline()	添加水平线
stat_smooth()	添加平滑曲线
stat_sum()	绘制不重复的取值之和
stat_summary()	绘制汇总数据

4.2.2　使用 qplot()函数绘图

qplot()函数意为快速作图(quick plot),其使用方法与 R 语言基础包中的 plot()函数相似。qplot()函数中的参数较多,其中,facets 设置图形或数据的分面;geom 设置图形的几何类型;stat 设置图形的统计类型;position 可对图形或者数据的位置进行调整;margins 是逻辑值,表示是否显示边界;其他参数与 plot()函数类似。下例使用 qplot()函数绘制散点图、箱线图与小提琴图(如图 4-12 所示)。

```
> library(ggplot2)
> qplot(Sepal.Length, Sepal.Width, data=iris, colour=Species, shape=Species,
+     main="花萼长度和宽度散点图")                #使用鸢尾花数据集,绘制散点图
> qplot(Species, Sepal.Length, data=iris, geom="boxplot", fill=Species,
+     main="不同种类的花萼长度箱线图")         #绘制箱线图
> qplot(Species, Sepal.Length, data=iris, geom=c("violin", "jitter"),
+      fill=Species,  main="不同种类的花萼长度小提琴图")      #绘制小提琴图
```

4.2.3　使用 ggplot()函数绘图

ggplot()函数是 ggplot2 包中的常用函数,其特点是将绘图与数据分离,按图层作图。具体绘制图形时,首先通过 ggplot()绘图函数进行图形的初始化,然后在画布上一步步地用"+"把其他绘图语句连接进来,产生多个图层,最终完成复杂的图形。ggplot()函数使用格式为

```
ggplot(data, mapping=aes(), ...)
```

其中,mapping 表示数据与图形属性之间的映射,确定如何使用这些数据。aes()图形属性函数建立数据与图形之间的对应关系。以下以鸢尾花数据集示例,在 aes()函数中,将花萼长度作为 x 轴变量,花萼宽度作为 y 轴变量,shape 和 colour 参数将 Species(类别)映射到形状和颜色属性上。

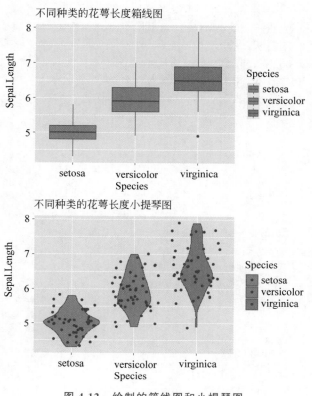

图 4-12　绘制的箱线图和小提琴图

```
>library(ggplot2)
> ggplot(data=iris, aes(x=Sepal.Length, y=Sepal.Width,
+          colour=Species, shape=Species))
```

使用 ggplot 进行图形初始化后,需要使用几何绘图函数(geom_XXX)将数据对应的图形属性呈现在一定的几何对象上显示,这些承载图形属性的对象可以是点、线、条形图、直方图等。

使用"＋"号可以连接更多的函数来设置更多的元素。若需要展示出某个变量的某种统计特征,可用统计变换函数(stat_XXX)来添加汇总数据、绘制平滑曲线等。标度函数(scale_ XXX)控制了数学空间到图形元素空间的映射,是与初始化时 aes()内的参数(shape、color、fill、alpha)调整有关的函数。facet()函数可控制分组绘图的方法和排列形式。

ggplot2 绘图包还可以实现其他多种功能,如扰动(jittering)、堆叠(stacking)、并列(dodging)、透明度(alpha)等,这些功能可以在实际使用过程中进一步探索。完成图形后,使用 ggsave()函数进行保存。下例使用 ggplot()绘制散点图(如图 4-13 所示)。

```
> library(ggplot2)
> ##初始化图形,确定数据和图形属性的映射关系
```

```
> p <- ggplot(data=iris,
+    aes(x=Sepal.Length, y=Sepal.Width, colour=Species, shape=Species))
> ##通过+号产生新图层,显示几何图形
> p <- p + geom_point(size=2)
>  ##通过+号产生新图层,用来改变缺省颜色
> p <- p + scale_color_manual(values=c("orange",  "olivedrab", "navy"))
> p
```

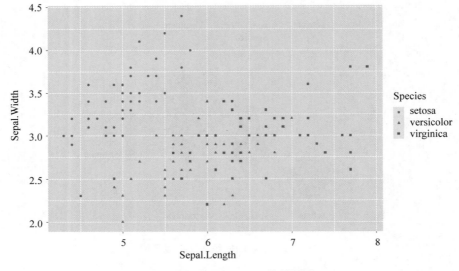

图 4-13 使用 **ggplot**()绘制图形

◆ 4.3 绘制更丰富的图形

4.1 节讲述了 R 语言自带的 graphics 绘图包,4.2 节讲述了常用的 ggplot2 绘图包,除此之外还有一些包含特殊功能的绘图包。在实际应用中,如果遇到在三维空间内进行数据可视化分析的问题,可使用 plot3D 包和 plotly 包绘制数据的 3D 图形。下例绘制 z＝$\sin(x)+\cos(y)+\sin(x)*\cos(y)$ 在[0,10]内的 3D 图形(如图 4-14 所示)。

```
> #使用 plot3D 包可视化函数
> install.packages("plot3D")                        #下载 plot3D 包
> library(plot3D)
> x <- y <- seq(0, 10, by=0.5)                      #生成[0, 10]区间内数据的 x, y 向量
> xy <- mesh(x, y)  #利用包中的 mesh()函数生成网格数据,得到包含 x 和 y 矩阵的列表 xy
> z <- sin(xy$x) + cos(xy$y) + sin(xy$x) * cos(xy$y)           #计算 z 的网格数据
> hist3D(x, y, z, phi=45, theta=45, space=0.1, clokey=F, bty="g") #绘制直方图
> surf3D(xy$x, xy$y, z, colkey=F, border="black", bty="b2")       #绘制曲面图
```

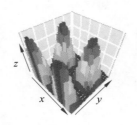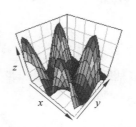

图 4-14 绘制 3D 图形

D3(Data-Driven Documents)是一个 JavaScript(JS)库,能够使用 Web 标准将数据可视化。rCharts 是一个专门用来绘制交互式图形的第三方包,可以直接生成基于 D3 的 Web 统计图表页面。dygraphs 包是开源的 JS 库,可以产生交互式、可缩放的时间序列图,具有丰富的交互式功能。plotly 包是开源的 JS 图形库,包括 3D 图表、统计图标和 SVG 地图等,可以将 ggplot2 图形转换成具有交互式效果的图形。DT 包有助于 R 数据对象在 HTML 页面中实现过滤、分页、排序等功能。htmlweights 包是一个可视化 JS 库,用于生成交互式的可视化页面。leaflet 包是最受欢迎的交互式地图的开源 JS 库之一,可以交互式地对地图平移缩放、使用任意的地图组合。下面以 leaflet 包示例(如图 4-15 所示)。

```
#下载 leaflet 包
> install.packages("leaflet")
> library(leaflet)
> #绘制地图
> m <- leaflet()
> m <- addTiles(m)
> m        #显示地图
```

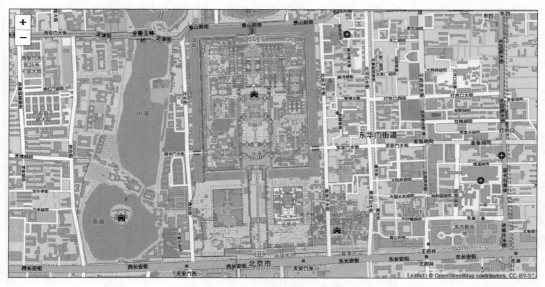

图 4-15 绘制地图功能的图形

◆ 4.4　综 合 实 验

4.4.1　实验 1：绘制鸢尾花数据图形

1. 实验目标

学习 R 语言绘制各种图形的方法；熟练掌握常用绘图函数。

2. 实验内容

（1）使用鸢尾花卉数据集，绘制"花萼长度"和"花萼宽度"特征之间的散点图。
（2）绘制根据鸢尾花种类分组的、花萼长度的箱线图。
（3）绘制根据鸢尾花种类分组的、不同种类的、花萼长度的小提琴图。

3. 实验步骤

（1）使用鸢尾花卉数据集，绘制"花萼长度"和"花萼宽度"特征之间的散点图。

```
>##选择 plot 函数作图,首先在画布图层定义鸢尾花数据集 iris,将 Length、Width 分别映
##射到 x 轴、y 轴,在图层设置点的样式(pch)和颜色(如图 4-16 所示)
> plot(iris[, 1],iris[, 2],xlab="Sepal.Length",ylab="Sepal.Width",pch=1,
col=iris[, 5])
>##  将网格颜色设置成 grey60
> grid(col="grey60")
```

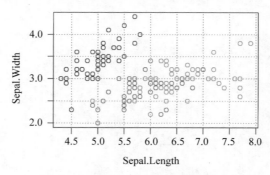

图 4-16　使用 plot()函数绘制散点图

```
>##使用 ggplot2 包绘制散点图
> library(ggplot2)
>##选择 ggplot 函数作图,在画布上设置鸢尾花数据集 iris,选择 geom_point 函数绘制散
##点图,将长、宽分别映射(aes)到 x 轴 y 轴,并将颜色,形状映射到种类上(如图 4-17 所示)
>ggplot(data=iris) + geom_point(aes(x=Sepal.Length, y=Sepal.Width, colour=
Species, shape=Species))
```

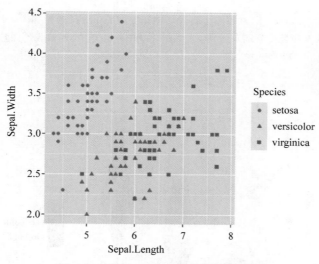

图 4-17 使用 **ggplot**()函数绘制散点图

（2）绘制根据鸢尾花种类分组的、花萼长度的箱线图。

```
> library(ggplot2)
>##选择 ggplot 函数作图,在画布上设置鸢尾花数据集 iris,选择 geom_boxplot 函数绘制
##箱线图,将种类和长度分别映射到 x 轴和 y 轴,并利用 fill 函数为不同种类图形填充颜色
##(如图 4-18 所示)
> ggplot(iris) + geom_boxplot(aes(x=Species, y=Sepal.Length, fill=Species))
```

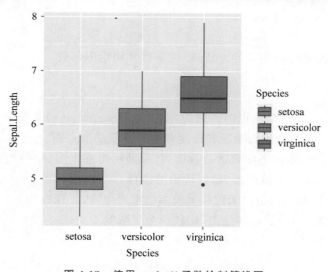

图 4-18 使用 **ggplot**()函数绘制箱线图

（3）绘制根据鸢尾花种类分组的、不同种类的、花萼长度的小提琴图。

```
> library(ggplot2)
```

```
>##选择 ggplot 函数作图,在画布上设置鸢尾花数据集 iris,选择 geom_violin 函数绘制小
##提琴图,将种类和长度分别映射到 x 轴和 y 轴,并利用 fill 函数为不同种类图形填充颜色
##(如图 4-19 所示)
> ggplot(iris) + geom_violin(aes(x=Species, y=Sepal.Length, fill=Species))
```

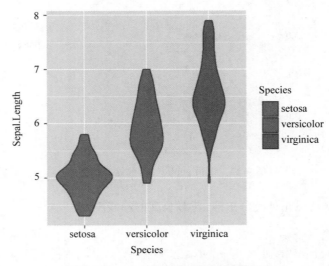

图 4-19   ggplot()函数绘制小提琴图

4.4.2   实验 2：绘制汽车数据图形

1. 实验目标

学习 R 语言绘制各种图形的方法；熟练掌握常用绘图函数。

2. 实验内容

(1) 理解 mtcars 数据集,说明各列的含义,使用 summary()函数查看数据的范围。

(2) 使用 plot 函数画出汽车行驶速度和车身重量的散点图。

(3) 选择 mtcars 数据集中合适的数据列,分别画出直方图、箱型图、饼图、条形图、小提琴图、热图(heatmap())等图形,做好代码的注释。

(4) 使用 par()和 layout()函数将上面多幅图形组合,并保存为 pdf 文件。

(5) 使用 ggplot()函数重新绘图,比较两个函数的不同。

3. 实验步骤

(1) 理解 mtcars 数据集,说明各列的含义,使用 summary()函数查看数据的范围。

```
> help(mtcars)
>##    mtcars 数据集取自 1974 年的美国《汽车趋势》杂志,包含了 32 辆汽车 11 个方面的汽车
```

```
##设计和性能。各行的含义分别是油耗(英里/加仑);气缸数量;位移;总功率;后轴比率;重量;
##1/4 英里的时间;发动机(0 = v 形,1 = 直形);变速器(0 = 自动,1 = 手动);正齿轮数;化油器
##的数量
>###summary()用来获取描述性统计量,可以提供最小值、最大值、四分位数和数值型变量的均
##值,以及因子向量和逻辑型向量的频数统计等
>summary(mtcars)
```

（2）使用 plot 函数画出汽车行驶速度和车身重量的散点图。

```
>attach(mtcars)
>plot(wt,mpg)
>detach(mtcars)
>plot(mtcars$wt, mtcars$mpg)                    #如图 4-20 所示
```

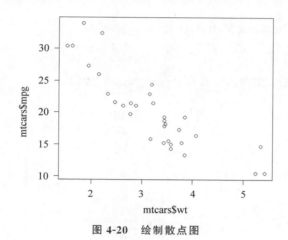

图 4-20　绘制散点图

（3）选择 mtcars 数据集中合适的数据列,分别画出直方图、箱型图、饼图、条形图、小提琴图、热图等图形,做好代码的注释。

```
>###选取速度 mpg 来做直方图(如图 4-21 所示)
> x <- mtcars$mpg
> par(fond=1)
> hist(x, main="直方图",xlab=mpg)
```

关于 hist 函数的说明：hist(v, freq, main, xlab, ylab, xlim, ylim, breaks, col, border),其中：v 是引用的上述向量;freq 设置直方图 y 轴时表示频数或概率密度,TRUE 表示频数,FALSE 表示概率密度,默认为 TRUE;main 设置直方图的标题;xlab和 ylab 分别表示 x 轴和 y 轴的描述;xlim 和 ylim 分别指定 x 轴和 y 轴上值的范围;break 用于提及每个间隔(interval)的宽度;border 用于设置每个间隔边框的颜色;col 用来设置每个间隔的颜色。

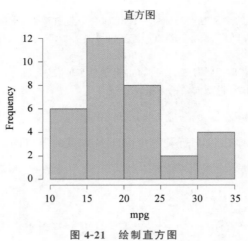

图 4-21   绘制直方图

```
>##选取速度 mpg 来做箱线图(如图 4-22、图 4-23 所示)
>x <- mtcars$mpg
>par(fond=1)
>boxplot(x, main="箱线图",xlab="mpg", ylab="范围")
```

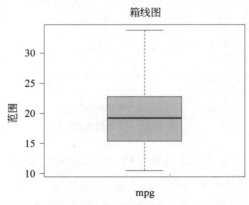

图 4-22   绘制箱线图

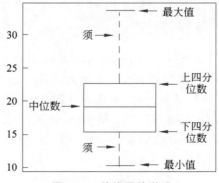

图 4-23   箱线图的说明

```
>##选取变速器类型 am 做饼图(如图 4-24 所示)
>y <- mtcars$am
>par(fond=1)
>pie(y, labels=c("A", "B"))
```

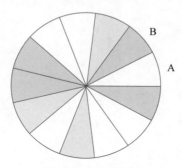

图 4-24　绘制饼图

```
>##选取速度 mpg 来做条形图(如图 4-25 所示)
>x <- mtcars$mpg
>par(fond=1)
>barplot(x, xlab=mpg, names.arg=c(1:32))
```

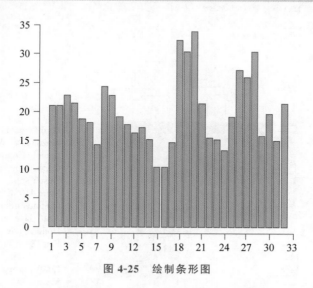

图 4-25　绘制条形图

```
>##绘制小提琴图(如图 4-26 所示)
>library(ggplot2)
>p <- ggplot(mtcars, aes(x=mpg, y=hp, fill=am))
>p <- p+geom_violin()
```

```
>p <- p+labs(title = "violin")
>p
```

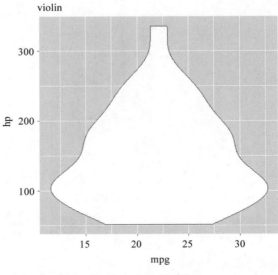

图 4-26 绘制小提琴图

```
>##绘制热图 (如图 4-27 所示)
>df <- as.matrix(scale(mtcars)) #归一化,矩阵化
>heatmap(df, scale="none")
```

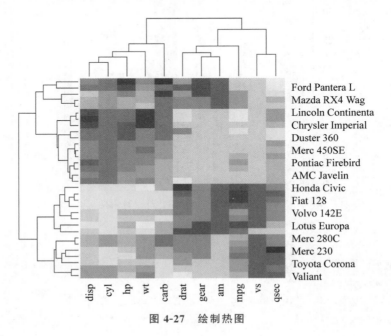

图 4-27 绘制热图

（4）使用 par( )和 layout( )函数将上面多幅图形组合，并保存为 pdf 文件。

```
>###组合散点图与箱线图(如图 4-28 所示)
>attach(mtcars)
>opar <- par(no.readonly = TRUE)
>par(mtrow=c(2, 2))
>par(mfrow=c(2, 2))
>plot(wt, mpg)
>boxplot(mpg, main="Boxplot of mpg")
>par(opar)
>detach(mtcars)
```

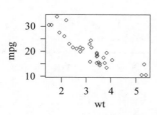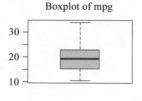

图 4-28　组合图形绘制

（5）使用 ggplot2 绘制直方图、箱型图、条形图。

```
>###绘制直方图(如图 4-29 所示)
>library(ggplot2)
>a  <-  ggplot(data = mtcars,aes(x=mpg))+geom_histogram()
>a
```

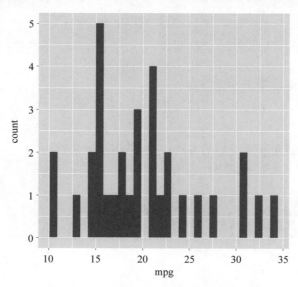

图 4-29　使用 ggplot2 函数绘制直方图

```
>##绘制箱型图(如图 4-30 所示)
>library(ggplot2)
>mtcars$cyl.f <- factor(mtcars$cyl, levels=c(4,6,8), labels=c("4","6","8"))
>mtcars$am.f<-factor(mtcars$am,levels=c(0,1),labels=c("auto", "standard"))
>ggplot(mtcars, aes(cyl.f, mpg))+geom_boxplot()
```

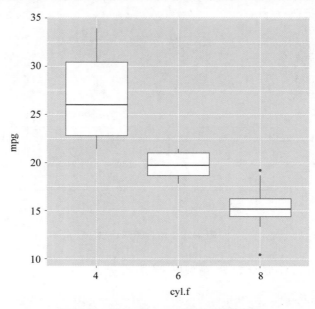

图 4-30　使用 **ggplot2** 函数绘制箱型图

```
>##绘制条形图(如图 4-31 所示)
>library(ggplot2)
>c <- ggplot(data = mtcars, aes(x=mpg))+geom_bar()
>c
```

4.4.3　实验 3：绘制交互式图形

1. 实验目的

了解 R 语言绘制交互式图形的方法；掌握常用绘图函数。

2. 实验内容

（1）利用 plotly 包绘制散点图并指定颜色和形状。
（2）绘制交互式图形。

3. 实验步骤

（1）利用 plotly 包绘制散点图并指定颜色和形状。

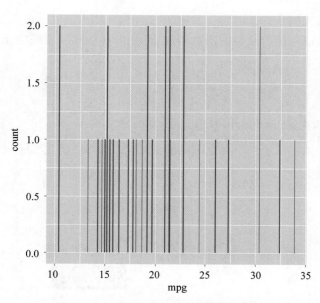

图 4-31 使用 ggplot2 函数绘制条形图

```
>##安装并载入 plotly 包
>install.packages("plotly")
>library(plotly)
>##散点图(如图 4-32 所示)
>p <- plot_ly(data=iris, x=~Sepal.Length, y=~Petal.Length, color=~Species,
symbol=~Species)
>p
```

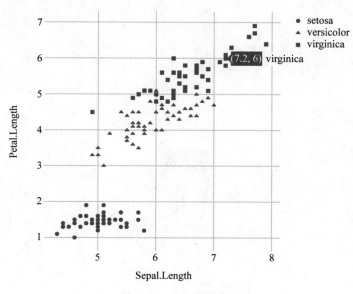

图 4-32 交互式散点图

（2）绘制交互式图形。

方法 1：将 ggplot 函数绘制的图像传递给 ggplotly 函数，实现交互。

```
>##利用 ggplot 绘制散点图
>p <- ggplot(data = iris, aes(x=Sepal.Length, y=Sepal.Width))+geom_point()
>p
>##将绘制的图片 p 呈递给 ggplotly 函数(如图 4-33 所示)
>ggplotly(p)
```

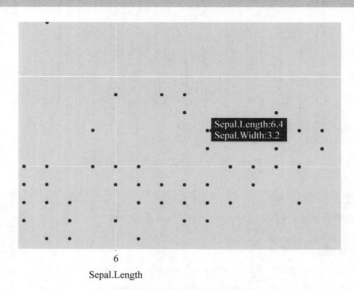

图 4-33　使用 **ggplotly** 绘制的可视化散点图

```
>##利用 ggplot 绘制 mtcars 中油耗(mpg)与重量(wt)的关系折线图
>b <- ggplot(data=mtcars, aes(x=mpg, y=wt))+geom_line()
>b
>##将绘制的图片 p 呈递给 ggplotly 函数(如图 4-34 所示)
>ggplotly(b)
```

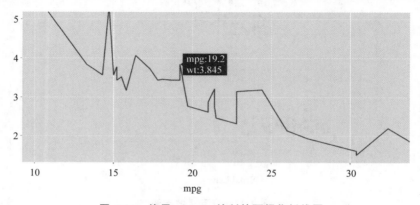

图 4-34　使用 **ggplotly** 绘制的可视化折线图

方法 2：直接用 plotly 函数绘制交互式图形。

```
>##与 ggplot 等绘图函数不同,x、y 赋值需要在前面加~。mode 确定图的类型(如图 4-35 所示)
>v <- plot_ly(data=cars, x=~speed, y=~dist, type="scatter", mode="lines",
fill="tozeroy")
>v
```

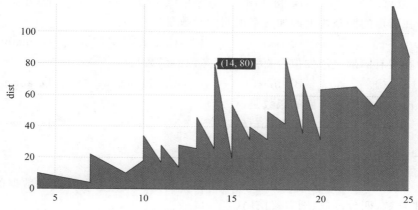

图 4-35　使用 plotly 绘制的可视化填充图

```
>##InsectSprays 是数据集(不同杀虫剂对昆虫数目的影响)Labels 指饼图根据何值分块,
##values 指根据何值进行分配,pie 绘制饼图(如图 4-36 所示)。
>k <- plot_ly(data = InsectSprays, labels=~spray, values=~count, type="pie")
>k
```

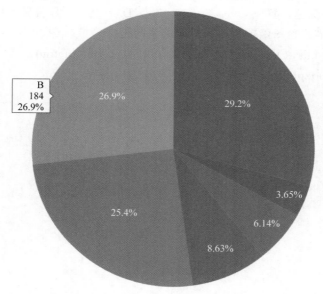

图 4-36　使用 plotly 绘制的可视化饼图

◇ 思考与练习

一、单选题

1. 展示数据两个维度之间的关系,常用的图形是( )。

    A. 散点图   B. 箱线图   C. 饼图   D. 小提琴图

2. 可在图形的四条边上添加文字说明的函数是( )。

    A. title()   B. text()   C. mtext()   D. main()

3. 为在现有图形上添加拟合直线,可以考虑的函数是( )。

    A. line()   B. lines()   C. abline()   D. ablines()

4. ggplot 包中实现分面的函数是( )。

    A. par()   B. layout()   C. split()   D. facet_grid()

二、多选题

1. 在分析数据时,如果需要分析一组数据的离散分布情况以及这组数据的最大值、最小值、平均数、四分位数,则需要使用( )。

    A. 箱形图   B. boxplot()   C. 箱线图   D. 散点图

2. 下列绘制的图形与 R 函数对应关系正确的是( )。

    A. 散点图——plot()   B. 箱线图——barplot()

    C. QQ 图——qqplot()   D. 散点矩阵图——pairs()

3. 下列图形参数与说明的对应关系正确的是( )。

    A. axes——是否显示坐标轴   B. xlim——x 轴的取值范围

    C. col——颜色设置   D. font——是否显示标题

4. 下列选项描述绘图函数与图形对应关系的是( )。

    A. geom_abline()——线   B. geom_histogram()——条形图

    C. geom_boxplot()——箱线图   D. geom_point()——点

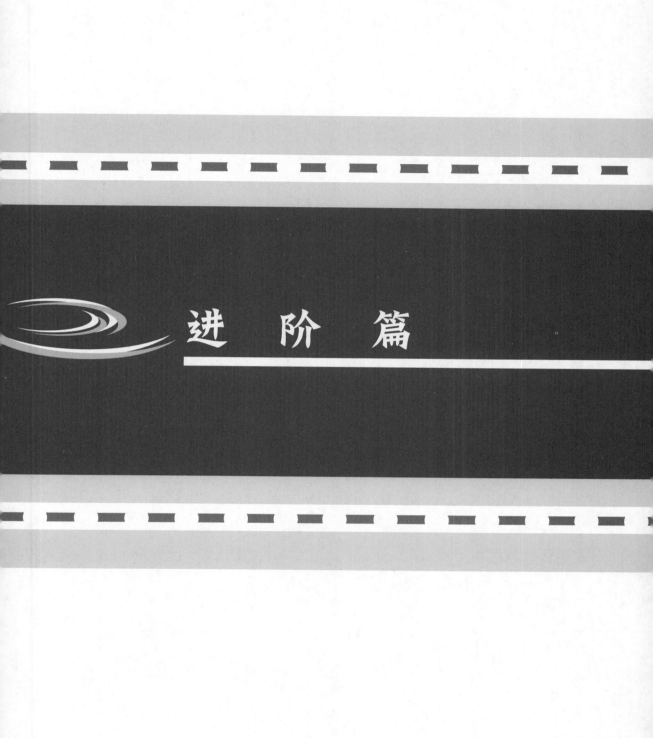

进 阶 篇

第 5 章

数据探索

◇ 5.1　数据描述

数据描述是通过分析数据的统计特征,加深对数据的理解,进而使用合适的统计分析或数据挖掘方法去探究数据潜在的信息,实现数据洞察。数据描述主要分析数据的类别、离散程度、数据的偏度和峰度等特征。

5.1.1　数据的类别

数据是数据对象及其属性的集合。一个数据对象是对一个事物或者物理对象的描述,可以是一条记录、一个实体、一个案例或一个样本,而数据对象的属性则是这个对象的性质、特征或维度。在数据集中,通常把数据对象称为样本,数据对象的属性称为变量。

在大数据时代,数据的来源多样化发展,数据的格式和形态也日渐丰富,如数字、文字、图片和视频、音频等。其中,能够使用统一的结构加以表示的数据称为结构化数据,如数字、字符等;其他无法使用统一的结构表示的数据,如音频、图像、视频等,称为非结构化数据。对于结构化数据,可按照对客观事物测度的程度或精确水平来划分,分为如下类别,详见表 5-1。

表 5-1　常见的数据类别

数据类别	数据特征	举　例
分类数据	没有数量和顺序关系	状态,如"男""女""0""1"
有序数据	有顺序关系	特征量,如"甲""乙""丙""丁",甲>乙>丙>丁
区间数据	有数量关系,可比较大小,可排序,可计算差异	实数,如体重、身高
比例数据	有数量关系,可比较大小,可排序,可计算差异,具有绝对零点	实数,事物之间的比值

同类事物使用不同的尺度量化,会得到不同类别的数据。例如,学生成绩数据按实际数字填写就是区间数据;按 A、B、C 等分段进行区分就是有序数据;按是否及格区分则是分类数据;某同学的成绩是另一同学的两倍,便是比例数据。

5.1.2 数据的集中趋势

一般情况下,对一组数据的中心位置进行数量化的描述,能够代表这组数据的集中趋势,即反映大多数数据向某一点集中的情况。通常用来描述数据集中趋势的统计量主要包括平均数(Mean)、中位数(Median)、众数(Mode)等。平均数即样本的数据相加之和再除以样本个数;中位数是一组数据按顺序依次排列后处在中间位置的数;众数则是一组数据中出现次数最多的数。如果数据服从正态分布,则平均值就是数据的集中位置,它在一定程度上度量数据的平均水平。然而,数据的平均值易受数据分布的影响,有时使用中位数来衡量数据的集中位置会比使用平均值更有效。众数是最频繁出现的值,在数据中占比例最高。因此,判断一组数据的集中程度需要综合衡量上述几个统计量。

R 语言中使用 mean()函数和 median()函数来计算一组数据的平均数和中位数。R中没有直接求众数的内置函数,但可以使用 table()函数来计算出现次数(频数),再通过max()、sort()、which.max()等函数查看其中频数最大的数值。

以下使用 apply()函数,对 iris 数据集中的样本进行平均值和中位数的计算。从结果可知,4 个属性的平均值和中位数差距并不大,表明 4 个属性的数据接近正态分布。然后在 iris 数据集中的一个变量 Sepal.Length 中,通过对其频数的排序找到众数,即出现了10 次的取值为 5 的数据,是出现频率最大的数。取值为 5.1、6.3 的数各出现了 9 次,也是出现比较多的数。

```
> apply(iris[, c(1:4)], 2, mean)                    #求平均值
Sepal.Length  Sepal.Width Petal.Length  Petal.Width
    5.843333     3.057333     3.758000     1.199333
> apply(iris[, c(1:4)], 2, median)                  #求中位数
Sepal.Length  Sepal.Width Petal.Length  Petal.Width
        5.80         3.00         4.35         1.30
> sort(table(iris[, c(1)]),decreasing = T)   #查看频数

  5 5.1 6.3 5.7 6.7 5.5 5.8 6.4 4.9 5.4 5.6   6 6.1 4.8 6.5 4.6 5.2 6.2 6.9 7.7 4.4
 10   9   9   8   8   7   7   7   6   6   6   6   6   5   5   4   4   4   4   3   3
5.9 6.8 7.2 4.7 6.6 4.3 4.5 5.3   7 7.1 7.3 7.4 7.6 7.9
  3   3   3   2   2   1   1   1   1   1   1   1   1   1
```

5.1.3 数据的离散程度

描述数据离散程度的统计量主要有方差、标准差、中位数绝对偏差、变异系数、四分位数、极差等。方差(Variance)用来计算每一个样本数据与平均数之间的差异;标准差(Standard Deviation)也称为标准偏差,是方差的算术平方根,平均数相同的两组数据,其标准差未必相同;中位数绝对偏差(Median Absolute Deviation,MAD)是度量数据相对于中位数的离散情况;变异系数(Coefficient of Variation,CV)是数据标准差与数据平均数的比值,取值越大说明数据越分散,不受测量尺度和量纲的影响,比较客观;四分位数(Quartile)也称为四分位点,包括下四分位数、中位数和上四分位数,所有数值由小到大

排列并分成四等份,处于第一个分割点位置的数值是下四分位数,处于第二个分割点位置(中间位置)的数值是中位数,处于第三个分割点位置的数值是上四分位数;极差(Range)是指数据最大值和最小值之间的距离,极差越小说明数据越集中。

　　以下使用 apply()函数,对 iris 数据集调用 var()、sd()、mad()、quantile()和 range()函数计算每个变量的方差、标准差、中位数绝对偏差、四分位数和极差,变异系数使用公式计算。

```
> apply(iris[, c(1:4)], 2, var)                    #方差
Sepal.Length Sepal.Width Petal.Length   Petal.Width
   0.6856935    0.1899794    3.1162779     0.5810063
> apply(iris[, c(1:4)], 2, sd)                     #标准差
Sepal.Length Sepal.Width Petal.Length   Petal.Width
   0.8280661    0.4358663    1.7652982     0.7622377
> apply(iris[, c(1:4)], 2, mad)                    #中位数绝对偏差
Sepal.Length Sepal.Width Petal.Length   Petal.Width
    1.03782      0.44478      1.85325       1.03782
> #利用"标准差/平均值"计算出变异系数
> apply(iris[, c(1:4)], 2, sd)/apply(iris[, c(1:4)], 2, mean)
Sepal.Length Sepal.Width Petal.Length   Petal.Width
   0.1417113    0.1425642    0.4697441     0.6355511
> apply(iris[, c(1:4)], 2, quantile)              #四分位数
      Sepal.Length Sepal.Width Petal.Length Petal.Width
0%             4.3         2.0         1.00         0.1
25%            5.1         2.8         1.60         0.3
50%            5.8         3.0         4.35         1.3
75%            6.4         3.3         5.10         1.8
100%           7.9         4.4         6.90         2.5
> apply(iris[, c(1:4)], 2, range)                 #极差
      Sepal.Length Sepal.Width Petal.Length Petal.Width
[1,]           4.3         2.0          1.0         0.1
[2,]           7.9         4.4          6.9         2.5
```

5.1.4　数据的分布特征

　　正态分布(Normal distribution)也称"常态分布",又名高斯分布(Gaussian distribution),是一个在数学、物理及工程等领域都非常重要的概率分布。正态曲线呈钟型,两端低、中间高、左右对称,因其曲线呈钟形,因此又称为钟形曲线。偏度和峰度是描述数据分布特征的统计量:偏度(Skewness)是用于衡量数据分布的不对称程度或偏斜程度的指标;峰度(Kurtosis)又称峰态系数,直观反映了峰部的尖度。正态分布是一种无偏分布,其偏度等于 0。当偏度不为 0 时,表明数据分布是非对称的:偏度大于 0 时,数据分布是右偏或正偏;反之,偏度小于 0 表明数据分布是左偏或负偏。当数据为正态分布时,峰度近似等于 3。与正态分布相比较,当峰度大于 3 时,峰度越大,分布曲线越陡峭,表明

数据分布越集中;当峰度小于 3 时,峰度越小,表示分布曲线越平坦,数据分布越分散。

下例基于 iris 数据集计算 4 个变量的偏度和峰度。从输出结果可以发现,SepalLength 和 SepalWidth 两个变量的数据集为右偏,PetalLength 和 PetalWidth 为左偏。

在分析实际问题时,需要将计算出的偏度、峰度和图形结合起来进行判断。在计算出偏度和峰度后,利用 gather() 函数对数据集进行变换,将每个变量转化为行,即宽型数据转换为长型数据,然后使用 ggplot2 绘制 4 个变量的密度曲线,如图 5-1 所示。

```
> install.packages("moments")
> library(moments)
> apply(iris[, 1:4], 2, skewness)              #计算偏度
Sepal.Length  Sepal.Width Petal.Length  Petal.Width
  0.3117531    0.3157671  - 0.2721277   - 0.1019342
> apply(iris[, c(1:4)], 2, kurtosis)           #计算峰度
Sepal.Length  Sepal.Width Petal.Length  Petal.Width
    2.426432     3.180976     1.604464     1.663933
> install.packages("tidyr")
> install.packages("ggplot2")
> library(ggplot2)
> library(tidyr)
> irislong <- gather(iris[, 1:4], key = "varname", value = "value")
>## 可视化数据分布
> ggplot(irislong, aes(colours = varname, fill = varname, linetype = varname,
alpha = 0.5))
    + theme_bw()
    + geom_density(aes(value), bw = 0.5, alpha = 0.4)
```

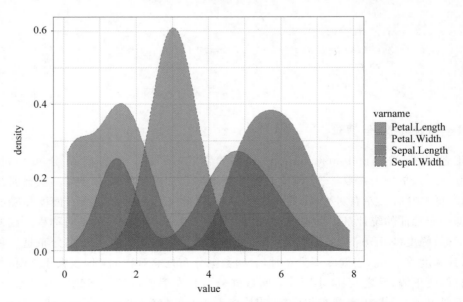

图 5-1 使用 ggplot() 函数绘制 iris 数据集 4 个变量的密度曲线

5.1.5　数据的相似性

相似性度量(Similarity Measurement)是综合评定两个事物之间相似程度的度量,在聚类和分类中具有重要的地位。常用的相似性度量有相关系数(变量之间的接近程度)和相似系数(样本之间的接近程度)。

相关系数是度量数据变量之间线性相关性的指标。在二元变量的相关分析中,常用的有 Pearson 相关系数、Spearman 秩相关系数和判定系数等。Pearson 相关系数一般用于分析两个正态连续性变量之间的关系,取值范围是[−1, 1],如果小于 0,说明变量间负相关,越接近于 −1 负相关性越强;大于 0 说明变量间正相关,越接近于 1 正相关性越强。Spearman 秩相关系数一般用于分析不服从正态分布的变量、分类变量或等级变量之间的关联性。而对于连续测量数据,更适合用 Pearson 相关系数进行分析。判定系数(Coefficient of Determination)也称为决定系数,是衡量自变量与因变量是否相关的重要指标,它的值越接近于 1,表明自变量与因变量之间的相关性越强。

在 R 语言中,使用 cor()函数计算相关系数,系统默认参数 method＝"pearson",也可设置为 method＝"spearman"等其他方法进行计算。下例对数据集 iris 使用 cor()函数计算 4 个数值变量之间的相关系数。

```
> cor(iris[, c(1:4)])
             Sepal.Length  Sepal.Width  Petal.Length  Petal.Width
Sepal.Length    1.0000000   -0.1175698     0.8717538    0.8179411
Sepal.Width    -0.1175698    1.0000000    -0.4284401   -0.3661259
Petal.Length    0.8717538   -0.4284401     1.0000000    0.9628654
Petal.Width     0.8179411   -0.3661259     0.9628654    1.0000000
```

对于不同样本之间的相似性度量,通常计算样本间的"距离",主要有欧氏距离、曼哈顿距离、最大距离等方法。欧氏距离又称为欧几里得距离,是度量欧几里得空间中两点间的直线距离;曼哈顿距离用以表明两个点在欧几里得空间的固定直角坐标系上的绝对轴距的总和;最大距离为两个点之间的各个坐标分量差的最大值。

R 语言中使用 dist()函数计算距离,通过参数 method 来指定计算距离的方法,参数"euclidean""manhattan""maximum"分别代表欧氏距离、曼哈顿距离和最大距离三种距离方法。以下使用 iris 数据集计算每个样本间的欧氏距离,得到一个对角线为 0 的对称矩阵,可以看到距离为 0 表示其本身,距离越小表示样本越相似。

```
> dist(iris[, c(1:4)], method = "euclidean", upper = T, diag = T)
          1          2          3          4          5
1 0.0000000  0.5385165  0.5099020  0.6480741  0.1414214
2 0.5385165  0.0000000  0.3000000  0.3316625  0.6082763
3 0.5099020  0.3000000  0.0000000  0.2449490  0.5099020
4 0.6480741  0.3316625  0.2449490  0.0000000  0.6480741
5 0.1414214  0.6082763  0.5099020  0.6480741  0.0000000
6 0.6164414  1.0908712  1.0862780  1.1661904  0.6164414
(共有 150 个样本,产生 150 * 150 矩阵,后面数据略去)
```

◆ 5.2 数据清洗

在实际数据挖掘过程中,从外部获得的数据往往存在缺失值、重复值、异常值或者错误值,通常这类数据被称为"脏数据",需要对其进行清洗。数据清洗是数据准备过程中最重要的一步,通过填补缺失数值、识别或删除离群点等方法解决不一致性、纠正错误数据,从而得到干净的数据。数据清洗的主要目的是提高数据质量,进而提高挖掘结果的可靠性和准确性,这是数据挖掘过程中非常必要的一个步骤。

5.2.1 处理缺失数据

数据存在缺失值非常普遍。数据缺失是指在数据采集、传输和处理过程中,由于某些原因导致数据不完整的情况。从数据缺失的分布来讲,缺失值可以分为完全随机缺失、随机缺失和完全非随机缺失。完全随机缺失是指数据的缺失是完全随机的,缺失情况相对于所有数据来说,在统计意义上是独立的,直接删除缺失数据对模型影响不大。完全非随机缺失指的是数据的缺失与缺失值本身存在某种关联,例如,在调查时所涉及的问题过于敏感,被调查者拒绝回答而造成的缺失。从统计角度来看,非随机缺失的数据会产生有偏估计,而这部分的缺失数据处理也是比较困难的。随机缺失处于两者之间。综上原因,需要对数据采集或数据来源中出现缺失值的原因进行了解后,再进行缺失值处理。

1. 缺失值的表示

在 R 语言中,缺失值用符号 NA 表示,代表数据集中该数据遗失或不存在。在对含 NA 的数据集进行函数操作时,该 NA 参与运算,因此需要进行预先处理来移除 NA 的影响。另外,R 语言中还有 NULL 和 NaN 等特殊类型的数据。NULL 表示未知的状态,它不会影响函数的计算;NaN 表示无意义的数,例如,除数为 0 的结果就是 NaN。三者的含义与处理方式不同。

2. 缺失值的判别

R 语言提供了一些函数用于判别缺失值,详见表 5-2。检查数据集中是否存在缺失值的最简单的方法是使用 summary() 函数,该函数会输出数据中每个变量的基本信息,同时也会输出变量中含有缺失值的个数。确定缺失值的数量后,可以通过 is.na() 函数查看缺失值的位置,若返回 TRUE 表示是缺失值。另外,还可以使用 vim 包中的 aggr() 函数,通过可视化方法查看数据缺失值的图形描述。

表 5-2 缺失值处理的相关函数

函 数 名	含 义	返 回 值
summary()	显示数据的总体概况	
is.na()	检测缺失值是否存在	逻辑值:TRUE 或 FALSE

函　数　名	含　　义	返　回　值
complete.cases()	检测行是否完整	逻辑值：TRUE 或 FALSE
na.omit()	移除所有含缺失数据的行	
aggr()	在 vim 包中,可视化描述缺失值	

3. 缺失值的处理

针对带有缺失值的数据集,如何使用合适的方法处理缺失值是数据预处理的关键。缺失值的主要处理方法有删除记录、数据插补和不处理 3 种。

（1）当缺失数据较少时,直接删除相应样本。

删除缺失数据的样本,其前提是缺失数据的比例较少,而且缺失数据是随机出现的,这样删除缺失数据后对分析结果的影响不大。使用 na.omit() 函数移除所有含缺失数据的行,简单有效。

（2）对缺失数据进行插补。

有时直接删除缺失值会影响数据的客观性和分析结果的正确性,可采用插补法来完成缺失数据的处理,即在有缺失值的地方补上数据,不会减少样本信息。表 5-3 介绍了常用的插补方法。

表 5-3　常用插补方法

常用插补方法	描　　述
固定值插补	固定值
均值插补法	平均值/中位数/众数,近邻平均数
多重插补法	回归预测等模型方法

均值插补法是一种简便、快速的缺失数据处理方法。如果缺失数据是数值型的,则根据该变量的平均值来填充缺失值;如果缺失值是非数值型的,则根据该变量的众数填充缺失值。使用均值插补法处理简单,但缺点在于它建立在完全随机缺失的假设之上,当缺失数据不是随机出现时会产生偏误,当缺失比例较高时会错误估计该变量的方差。

多重插补法在面对复杂的缺失值问题时经常使用,它并不是用单一值来替换缺失值,而是通过不同数学模型反映的变量间关系来预测缺失数据,生成多组插补,形成多组完整数据集,再对这些数据集进行分析,得到最佳插补数据。这些操作使用 R 语言的 mice 包实现。

（3）使用对缺失数据不敏感的分析方法。

当缺失值数量不大,并且采用对缺失数据不敏感的数学模型进行分析时,缺失值可不必特别处理。

5.2.2　处理异常数据

异常值也称离群点,是指数据采集中出现的随机错误或偏差,包括错误值和偏离均值的孤立点。在数据处理中,异常值会极大地影响回归或分类的效果。为了避免异常值造成损失,需要在数据预处理阶段进行异常值检测。在一些应用中,如质量检测,异常值检测也可能是数据处理的主要目标。

1. 异常值的判别

检测异常值的方法包括箱线图、散点图、聚类和回归分析等。

(1) 使用箱线图检测离群点。

箱线图又称盒式图或箱形图,是用来显示一组数据分布情况的统计图,应用广泛,在质量管理中尤为重要。箱线图的绘制方法是:首先,找出一组数据的上边缘、下边缘、中位数和两个四分位数;然后,连接两个四分位数画出箱体,再将上边缘和下边缘与箱体相连接,中位数在箱体中间。这样异常值就可以直观地显示出来,如图 5-2 所示。在 R 语言中,使用 boxplot() 函数来绘制箱线图,使用 boxplot.stats() 函数来检测异常数据。

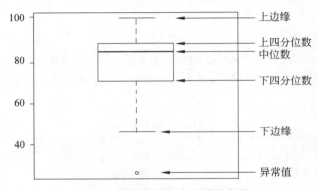

图 5-2 使用箱线图来查看异常值

(2) 使用散点图检测离群点。

散点图将数据值在图表中以点的位置表示,数据的类别可由图表中点的不同形状或颜色标记,通常用于跨类别的数据分布比较,或者衡量不同数据类别间的相似性和差异性。在散点图中可以通过离群点来检测异常值。

(3) 使用聚类方法检测异常值。

"物以类聚,人以群分",聚类是很重要的一个概念。在自然科学和社会科学中,存在着大量的分类问题,聚类不等于分类,聚类所划分的类是未知的,聚类将不属于任何一类的数据作为异常值。在 R 语言中,通过聚类函数来找到聚类的个数和相应的聚类中心点,然后通过计算每个样本数据到聚类中心的最大距离来找到异常值(见第 7 章)。

(4) 回归分析检测异常值。

回归分析是一种数学模型,用来确定两种或两种以上变量间相互依赖的定量关系。在大数据分析中,回归分析是一种预测性的建模技术,用于预测分析、发现变量之间的因果关系等。在 R 语言中,可使用回归函数结合散点图来检测异常值(见第 6 章)。

2. 异常值的处理

对检测出来的异常值,可以按照表 5-4 的方法进行处理。

表 5-4　常用异常值处理方法

异常值处理方法	描　　　述
删除含有异常值的记录	直接将含有异常值的样本删除
视为缺失值	将异常值视为缺失值,利用缺失值处理的方法进行处理
平均值修正	可用前后两个观测值的平均值修正该异常值
不处理	直接使用有异常值的数据集

5.2.3　处理重复数据

R 语言中的数据重复检测函数主要有 unique()和 duplicated():unique()用于为向量数据去掉重复值;duplicated()用于向量或数据框,返回一个 TRUE 和 FALSE 的向量,标注该索引所对应的值是否是重复值。

◈ 5.3　数　据　集　成

从多种途径、多种方式得到的数据格式多种多样,需要对这些数据整理才能进行有效分析。数据集成包括分组汇总、透视表生成等工作,如果数据分散在多个地方,则需要进行数据集的合并,包括横向合并和纵向合并。数据集成可以改善数据的外观,是绘制图形、统计分析、数据挖掘前必要的预处理步骤。

5.3.1　数据集的合并

多个数据集按照应用需求进行横向和纵向的合并。横向合并指的是两个数据集(数据框)合并为一个具有更多变量的数据集,主要使用 merge()或 cbind()函数。合并之前,根据需要找到两个数据框的公共索引,也称为联结变量,联结变量通常是一个或多个共有变量。例如,当表 1 和表 2 都有 ID 这个列变量且含义相同时,可以根据 ID 进行合并,这样新的数据框就把相同 ID 的多列数据进行了横向合并。当没有或不需要公共索引时,可以使用 cbind()函数,合并前需要确认两个数据框对象是否拥有相同的行数以及相同顺序排序。

纵向合并指的是两个数据集(数据框)合并为更多行的数据集,可以使用 rbind()函数,合并前需要确认两个数据集具有相同的列变量,它们的顺序不一定相同。若两个数据集的列数量不同,在纵向合并时会做相应处理,例如删除多余的列,或追加列并将其值设为 NA。

```
>Totalframe1 <- merge(dataframe1, dataframe2, by="ID")      #横向合并
```

```
>Totalframe2 <- cbind(dataframe1, dataframe2)          #横向合并
>Totalframe3 <- rbind(dataframe1, dataframe2)          #纵向合并
```

5.3.2 数据子集的获取

在很多数据集成工作中,通过行和列(样本和变量)的增加、删除、修改等操作,可以使数据更清晰,更容易进行后续的统计分析。R 语言具有强大的索引特性,第 2 章介绍了各数据对象的索引方法,例如,使用[row, col]的方式选择行和列;通过"!"操作符、NULL 赋值等方式来剔除某行和列;通过逻辑比较 "＝＝"、"＞"、以及 "TRUE""FALSE"等组成逻辑表达式来选取数据。这些索引方法可快速访问对象中的元素,对变量或样本进行选入和排除。

除此之外,还可以使用函数进行数据子集的获取。subset()函数是一个简单、灵活的通用函数,它通过逻辑表达式确定选取的样本,通过 select 参数选择变量。以 mtcars 数据集为例,示例如下。

```
> subset(mtcars, cyl == 4 & gear == 3)
              mpg cyl  disp hp drat    wt  qsec vs am gear carb
Toyota Corona 21.5   4 120.1 97  3.7 2.465 20.01  1  0    3    1
> subset(mtcars, cyl == 4 & gear == 3, select = c(1:8))
              mpg cyl  disp hp drat    wt  qsec vs
Toyota Corona 21.5   4 120.1 97  3.7 2.465 20.01  1
```

transform()和 within()函数主要对列变量进行操作。transform()函数可以在原数据框基础上增加或修改列变量生成一个新的数据框,或者通过 NULL 赋值的方式删除列变量,还可以将多个列变量替换为一些描述性统计值,便于进一步的处理。within()函数则不仅可以应用于数据框,还可以使用其他类型的数据,更为灵活。以 airquality 数据集为例,示例如下。

```
> head(airquality, 2)
  Ozone Solar.R Wind Temp Month Day
1    41     190  7.4   67     5   1
2    36     118  8.0   72     5   2
> newaq1 <- transform(airquality, logozone = log(Ozone))
> head(newaq1, 2)
  Ozone Solar.R Wind Temp Month Day logozone
1    41     190  7.4   67     5   1 3.713572
2    36     118  8.0   72     5   2 3.583519
> newaq2 <- transform(airquality, logozone = log(Ozone), Ozone = NULL,
                       WindWind = Wind * Wind, Wind = NULL)
> head(newaq2, 2)
  Solar.R Temp Month Day logozone WindWind
```

```
1      190    67      5    1 3.713572      54.76
2      118    72      5    2 3.583519      64.00
> newaq3 <- within(airquality, {
+   logozone = log(Ozone)
+   WindWind = Wind^2
+   rm(Ozone, Wind) })
> head(newaq3, 2)
  Solar.R Temp Month Day WindWind logozone
1     190   67     5   1    54.76 3.713572
2     118   72     5   2    64.00 3.583519
```

5.3.3　数据的分组汇总

数据的分组汇总便于分析和报表生成。aggregate()函数是一个专门用于分组汇总的功能强大的函数,它首先对样本进行分组,然后对每组数据进行函数计算,最后把结果组合成一个新表格返回。在 aggregate()函数的参数中,by 参数是用于分组的列变量,可以是单个变量,也可以是多个变量的组合,这样得到的就是组合的统计结果。下例中,当以单个变量 cyl 为分组依据时,在结果中产生一个 Group 1 列,为 cyl 气缸数的三个类别,其他变量都是根据不同类别(组)进行计算的结果,分别得到三个组的计算结果。

```
> str(mtcars)                    #使用 str()、summary()函数查看 mtcars 数据集特点
> attach(mtcars)                 #将 mtcars 加入变量搜索范围
> levels(factor(cyl))            #查看 cyl(气缸数)变量的类别
[1] "4" "6" "8"
> levels(factor(gear))           #查看 gear(档位)变量的类别
[1] "3" "4" "5"
> aggregate(mtcars, by = list(cyl), FUN = mean)    #按 cyl 进行分组计算均值
  Group.1      mpg cyl     disp       hp     drat       wt     qsec
1       4 26.66364   4 105.1364  82.63636 4.070909 2.285727 19.13727
2       6 19.74286   6 183.3143 122.28571 3.585714 3.117143 17.97714
3       8 15.10000   8 353.1000 209.21429 3.229286 3.999214 16.77214
         vs       am     gear     carb
1 0.9090909 0.7272727 4.090909 1.545455
2 0.5714286 0.4285714 3.857143 3.428571
3 0.0000000 0.1428571 3.285714 3.500000
>##按照 cyl 和 gear 两个变量进行分组计算均值,显示第 1~6 列
> aggregate(mtcars, by = list(cyl, gear), FUN = mean) [, 1:6]
  Group.1 Group.2    mpg cyl     disp       hp
1       4       3 21.500   4 120.1000  97.0000
2       6       3 19.750   6 241.5000 107.5000
3       8       3 15.050   8 357.6167 194.1667
4       4       4 26.925   4 102.6250  76.0000
```

```
5   6   4   19.750   6   163.8000   116.5000
6   4   5   28.200   4   107.7000   102.0000
7   6   5   19.700   6   145.0000   175.0000
8   8   5   15.400   8   326.0000   299.5000
```

5.3.4 数据的频数计算

在样本的变量取值较多时,为了解一组同质样本的分布规律以及便于指标的计算,可编制频数分布表,简称频数表(frequency table)。table()函数是生成频数表的重要函数,用于统计数据集中数据出现的频率,其参数为可分组的变量,若参数为1,为频数表,若参数为多个,称为列联表。列联表(contingency table)是按两个或更多变量交叉分类时所列出的频数表。prop.table()函数将频数转化为比例值。下例使用 mtcars 数据集计算不同分组的频数。

```
> attach(mtcars)              #将 mtcars 加入变量搜索范围
> nrow(mtcars)                #查看 mtcars 的行数
[1] 32
> table(cyl)                  #统计以 cyl 分组的频数表
cyl
 4  6  8
11  7 14
> prop. table(table(cyl))     #将频数转化为比例值
cyl
      4        6        8
0.34375 0.21875 0.43750
> table(gear, cyl)            #统计以 gear 和 cyl 分组的列联表,gear 为行,cyl 为列
    cyl
gear  4  6  8
   3  1  2 12
   4  8  4  0
   5  2  1  2
> #和分组汇总 aggregate()函数做比较
> aggregate(mtcars, by = list(cyl, gear), FUN = NROW)
  Group.1 Group.2 mpg cyl disp hp drat wt qsec vs am gear carb
1       4       3   1   1    1  1    1  1    1  1  1    1    1
2       6       3   2   2    2  2    2  2    2  2  2    2    2
3       8       3  12  12   12 12   12 12   12 12 12   12   12
4       4       4   8   8    8  8    8  8    8  8  8    8    8
5       6       4   4   4    4  4    4  4    4  4  4    4    4
6       4       5   2   2    2  2    2  2    2  2  2    2    2
7       6       5   1   1    1  1    1  1    1  1  1    1    1
8       8       5   2   2    2  2    2  2    2  2  2    2    2
```

5.3.5　使用 SQL 语句

虽然在 R 语言中有很多优秀的函数,如 aggregate( )、subset( )函数,可以对数据进行集成和简单的统计处理,但 SQL 功能更为灵活强大,可以实现数据的增、删、改、查、统计运算、控制等多种操作。sqldf 包是 R 的第三方扩展包,它按照 SQL 的方式来查询和处理数据。使用 sqldf 包中的函数时,需要掌握 SQL 语句的写法。以下为分组统计功能示例。

```
> name <- c(rep("张三", 3), rep("李四", 3))
> subject <- rep(c("数学", "语文", "英语"), 2)
> score <- c(89, 80, 70, 90, 70, 80)
> stuscore <- data.frame(name, subject, score)
> stuscore
  name subject score
1 张三    数学     89
2 张三    语文     80
3 张三    英语     70
4 李四    数学     90
5 李四    语文     70
6 李四    英语     80
> library(sqldf)
> #   计算每个人的总成绩并排名(要求显示字段:姓名,总成绩)
> sqldf("select name, sum(score) as allscore from stuscore group by name order
by allscore")
  name allscore
1 张三      239
2 李四      240
```

◆ 5.4　数据规范

不同数据往往具有不同的量纲,量纲代表数据的单位,不同的量纲会导致数值间的差别很大,不进行处理可能会影响到数据分析的结果。无量纲化就是去除数据的单位限制,将其转换为无量纲的纯数值,便于不同单位或者量级的指标进行计算。另外,在进行多变量分析时,数值较高的指标在综合分析中的作用突出,因此会在一定程度上削弱数值水平较低的指标的作用。因此,去除数据的单位限制是数据预处理的重要工作。

数据规范就是为了消除数据的量纲和取值范围差异的影响、提高结果的可靠性,主要内容包括对原始数据进行中心化、标准化、归一化等处理。数据的中心化,即数据的平移,通过将各数值减去均值,把数据的中心点变为(0,0);数据的标准化,即数据的缩放,将数据落入一个特定的区间;数据的归一化,即把数据区间变为[0,1]或[-1,1]。标准化和归一化是把有量纲的数据转换为无量纲的纯数值,可提高后续的模型处理效率和精度。

R 语言中使用 scale( )函数实现数据规范,两个参数 center 和 scale 分别代表中心化和标准化,可分别进行指定。如下例所示,一组数据$(1,2,3,4,5,6,7)$,均值为 4,中心化后,数据为$(-3,-2,-1,0,1,2,3)$。标准化则是在中心化后的数据基础上再除以数据的标准差,其计算公式和结果为:sqrt$((9+4+1+0+1+4+9)/6)=2.16$,可使用前文提到的 sd()函数进行标准差计算。最后,相应的数据标准化为$(-1.39,-0.926,-0.463,0,0.463,0.926,1.39)$。options()函数用于小数的定标规范。t()函数是转置函数,用于翻转行和列,方便用户查看结果。

```
> options(digits = 3)                      #保留小数点 3 位
> ##标准化则是在中心化后的数据基础上再除以数据的标准差
> x1 <- c(1,2,3,4,5,6,7)
> t(scale(x1, scale = TRUE, center=TRUE))    #使用 t()转置函数便于查看结果
       [,1]    [,2]    [,3] [,4]  [,5]  [,6] [,7]
[1,] -1.39 -0.926 -0.463    0 0.463 0.926 1.39
attr(,"scaled:center")
[1] 4
attr(,"scaled:scale")
[1] 2.16
```

◆ 5.5　数　据　重　构

数据重构是重新调整数据结构,将行移动为列或将列移动为行,便于计算。R 语言中通常使用 reshape2 包进行数据的重构,包中的函数主要有 melt()、acast()和 dcast()函数等。melt 的含义是分解融化,它可根据数据类型(数据框、数组、矩阵或列表)进行拆分,使数据集的每一行都是唯一的样本,每一列都是一个独立的变量,让每个数据成为唯一的样本-变量组合。acast()和 dcast()函数用于对 melt 后的数据进行重新构造,便于进一步地统计分析和计算。

```
> library(reshape2)
> head(mtcars, 2)
              mpg cyl disp  hp drat   wt qsec vs am gear carb
Mazda RX4      21   6  160 110  3.9 2.62 16.5  0  1    4    4
Mazda RX4 Wag  21   6  160 110  3.9 2.88 17.0  0  1    4    4
> head(melt(mtcars), 2)                    #使用 melt()函数
No id variables; using all as measure variables
  variable value
1      mpg    21
2      mpg    21
```

以下基于 airquality 数据集介绍 melt 用法。melt()函数中,根据数据对象的不同设置不同的参数。下例中,melt 中的参数:measure.vars = c (" Solar. R " , " Wind " , " Temp"),表示把要 melt 的三个变量名称设为向量形式,便于后面两个参数的内部调用;

variable.name ＝"V.type"，表示增加一个新变量 V.type，用于存储 measure.vars 中的变量名；value.name ＝ "value"，表示增加一个新变量 value，用于存储 measure.vars 中的变量名所对应的变量值。

```
> str(airquality)                              #初步了解数据集
'data.frame':   153 obs. of   6 variables:
 $ Ozone   : int   41 36 12 18 NA 28 23 19 8 NA ...
 $ Solar.R : int   190 118 149 313 NA NA 299 99 19 194 ...
 $ Wind    : num   7.4 8 12.6 11.5 14.3 14.9 8.6 13.8 20.1 8.6 ...
 $ Temp    : int   67 72 74 62 56 66 65 59 61 69 ...
 $ Month   : int   5 5 5 5 5 5 5 5 5 5 ...
 $ Day     : int   1 2 3 4 5 6 7 8 9 10 ...
> aq <- melt(airquality,
+            measure.vars=c("Solar.R", "Wind", "Temp"),
+            variable.name = "V.type", value.name = "value")
> str(aq)
'data.frame':   459 obs. of   5 variables:
 $ Ozone   : int   41 36 12 18 NA 28 23 19 8 NA ...
 $ Month   : int   5 5 5 5 5 5 5 5 5 5 ...
 $ Day     : int   1 2 3 4 5 6 7 8 9 10 ...
 $ V.type  : Factor w/ 3 levels "Solar.R","Wind",..: 1 1 1 1 1 1 1 1 1 1 ...
 $ value   : num   190 118 149 313 NA NA 299 99 19 194 ...
> aq$Month <- factor(aq$Month)
> library(ggplot2)
> p <- ggplot(data = aq, aes(x = Ozone, y = value, color = Month))
+ theme_bw()
> p <- p + geom_point(shape = 20, size = 4) + geom_smooth(aes(group = 1),
+ fill = "grey")
> p <- p+facet_wrap(~V.type, scales = "free_y")
> p                                            #如图 5-3 所示
```

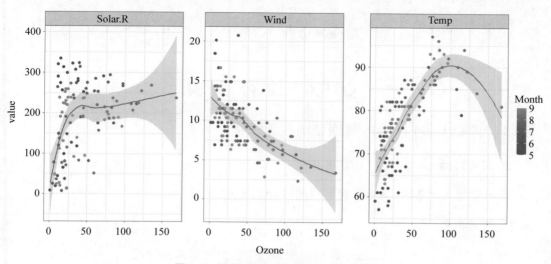

图 5-3　使用 ggplot 绘制 melt 后的图形

melt( )函数获得的数据可以通过 acast( )(用于矩阵)和 dcast( )(用于数据框)函数还原和重构。函数中使用公式作为参数,公式左边的每个变量作为结果中的一列,公式右边变量中因子类型的每个水平(类别)会在结果中产生一列。

以下使用 dcast( )函数进行数据还原重构,可以看到数据格式发生了变化,同时还可以完成汇总等工作。

```
> head(aq)
   Ozone Month  Day  V.type  value
1     41     5    1  Solar.R    190
2     36     5    2  Solar.R    118
3     12     5    3  Solar.R    149
4     18     5    4  Solar.R    313
5     NA     5    5  Solar.R     NA
6     28     5    6  Solar.R     NA
> head(dcast(aq, Ozone + Month + Day ~ V.type))
   Ozone Month  Day  Solar.R  Wind  Temp
1      1     5   21        8   9.7    59
2      4     5   23       25   9.7    61
3      6     5   18       78  18.4    57
4      7     5   11       NA   6.9    74
5      7     7   15       48  14.3    80
6      7     9   24       49  10.3    69
> ##  对每月的数据进行分组计算平均值
> dcast(aq, Month ~ V.type, fun.aggregate = mean, na.rm = TRUE)
   Month  Solar.R   Wind  Temp
1      5      181  11.62  65.5
2      6      190  10.27  79.1
3      7      216   8.94  83.9
4      8      172   8.79  84.0
5      9      167  10.18  76.9
```

◆ 5.6 综 合 实 验

5.6.1 实验 1:对 mtcars 数据集的初步探索

1. 实验目标

学习数据描述方法;熟练掌握相应的 R 语言常用函数。

2. 实验内容

(1) 参考 5.1.3,描述 mtcars 数据集主要列变量的数据离散情况。

(2) 参考 5.1.3,描述 mtcars 数据集主要列变量的数据分布情况。

（3）参考 5.1.4，探索 mtcars 数据集主要列变量的相关性和样本间的相似性。

3. 实验步骤

（1）描述 mtcars 数据集主要列变量的数据离散情况。

```
> ##使用 summary() 函数获取描述性统计量,可以得到最小值,最大值,四分位数和均值等
> summary(mtcars)                                #以下结果略
> apply(mtcars, 2, var)                          #计算方差
> apply(mtcars, 2, sd)                           #计算标准差
> apply(mtcars, 2, mad)                          #计算中位数绝对值偏差
> ##计算变异系数,又称离散系数,利用"标准差/平均值"公式计算
> apply(mtcars, 2, sd) / apply(mtcars, 2, mean)
> apply(mtcars, 2, quantile)                     #计算四分位数
> apply(mtcars, 2, range)                        #计算极差
```

（2）描述 mtcars 数据集主要列变量的数据分布情况。

```
> ##下载使用 moments 第三方包
> install.packages("moments")
> library(moments)
> ##计算偏度,用于衡量分布的不对称程度或偏斜程度的指标
> apply(mtcars, 2, skewness)
> ##计算峰度,表征概率密度分布曲线在平均值处峰值高低的特征数
> apply(mtcars, 2, kurtosis)
> ##利用 gather() 函数将数据集进行变换,将每个变量转换为行
> install.packages("tidyr")                      #gather()函数所在包
> library(tidyr)
> mtcarslong <- gather(mtcars, key = "performance", value = "value", vs:carb)
> ##使用 ggplot2 绘制变量的密度曲线,按照性能不同组改变颜色类型
> P <- ggplot (mtcarslong, aes (colour = performance, fill = performance,
linetype = performance))
> P <- P + theme_bw()                            #设置白色背景
> P <- P + geom_density(aes(value), bw = 0.4, alpha = 0.4) #设置宽度透明度
> P                                              #出图(如图 5-4 所示)
```

（3）探索 mtcars 数据集主要列变量的相关性和样本间的相似性。

```
> ##使用 cor() 函数计算相关系数,相关系数小于 0,说明变量间负相关,越接近于-1,负相关
性越强;大于 0 说明为变量间正相关,越接近于 1,正相关性越强
> cor(mtcars)
> ##使用 dist() 函数计算距离,通过参数 method 来指定计算距离的方法。当距离为 0 时表
示其本身,距离越小,表示样本越相似
> dist(mtcars, method = "euclidean", upper = T, diag = T)        #欧氏距离
```

```
> dist(mtcars, method = "manhattan", upper = T, diag = T)          #曼哈顿距离
> dist(mtcars, method = "maximum", upper = T, diag = T)            #最大距离
  (结果略)
```

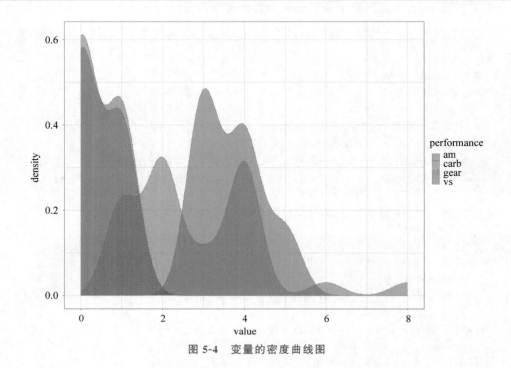

图 5-4　变量的密度曲线图

5.6.2　实验 2：处理数据集中的缺失值

1. 实验目标

理解数据清洗中处理缺失值的多种方法；熟练掌握相应的 R 语言函数。

2. 实验内容

（1）使用 myair.csv 数据集，对缺失值进行判别分析，绘制数据缺失值分布图。

（2）使用多种缺失值插补方法（删除、平均值、众数等），对缺失值进行简单处理。

（3）尝试考虑变量之间的关系，使用较为复杂的方法（K 近邻、随机森林、多重插补等）对缺失值进行插补。

3. 实验步骤

（1）使用 myair.csv 数据集，对缺失值进行判别分析，绘制数据缺失值分布图。

① 通过"file -> importdataset"导入 myair.csv 数据集。

② 用 summary()函数查看是否有缺失值。

③ 用 aggr()函数可视化数据中的缺失值。

```
> install.packages("VIM")                    #安装用于处理缺失值的 VIM 包
> library(VIM)                                #加载 VIM 包
> summary(myair)                              #查看数据特征,结果略去
> aggr(myair)                                 #生成数据缺失图
```

（2）使用多种缺失值插补方法（删除、平均值、众数等），对缺失值进行简单处理。

① 删除缺失值。

```
> dim(myair)                                  #查看 myair 的维数,153 行 7 列
> newdata <- na.omit(myair)                   #令新的数据为删掉缺失值的数据
> newdata                                     #查看去掉缺失值的数据,可以看到已经
                                              #去掉了缺失值,变成了 96 行
```

② 使用平均值处理缺失值。

```
>myair2 <- myair
>myair2$Ozone[is.na(myair$Ozone)] <- mean(myair$Ozone, na.rm = TRUE)
#用平均值替换缺失值,is.na()判断数据是否为缺失值,na.rm = TRUE 表示去掉缺失值
>myair2                                       #输出替换后的缺失值
```

③ 使用众数处理缺失值。

```
>Install.packages("Hmisc")                    #Hmisc 包用于数据处理
>library(Hmisc)                               #加载包
>table(myair$Type)                            #table()函数用于查看数据中各项出现的频数
A   B   C                                     #找出众数
39  51  58
>myair2$Type <- impute(myair$Type, "C")       #用 impute()函数替换缺失值
>myair2                                       #输出替换后的数据
```

④ 使用中位数处理平均值。

```
> which(is.na(myair$Solar.R))                 #输出缺失值位置
> ##将 Solar.R 中的缺失值替换为平均值
> myair2$Solar.R[which(is.na(myair$Solar.R))] <- median(myair$Solar.R, na.
rm=TRUE)
> myair2                                      #输出替换缺失值后的数据
```

（3）尝试考虑变量之间关系，使用较为复杂的方法（K 近邻、随机森林、多重插补等）对缺失值进行插补。

（首先通过 RStudio 进行数据导入，略）

```
> ##使用 K 近邻进行缺失值插补
> install.Packages(DMwR2)                     #下载程序包
```

```
> library(DMwR2)
> myair <- myair[, c(1:4)]
> myair2 <- knnImputation(myair, k = 5, scale = T, meth = "weighAvg")
> view(myair2)                          #查看缺失值插补后的结果,结果略
> ##使用随机森林进行缺失值插补
> install.packages("missForest")        #下载程序包
> library(missForest)
> myair <- myair[, c(1:4)]
> myair3 <- missForest(myair, ntree = 50)
> myair3$ximp                           #查看缺失值插补后的结果,结果略
> ##使用多重插补进行缺失值插补
> install.packages("mice")              #下载程序包
> myair <- myair[, c(1:4)]
> library(mice)
> myair4 <- mice(myair, m=5, method=c("norm.pred", "pmm", "rf", "norm"))
> summary(myair4)                       #获取描述性统计量
> myair4$imp$Solar.R                    #查看填补的值,结果略
```

5.6.3 实验 3：对 mtcars 数据集的标准化

1. 实验目标

了解数据中心化、标准化、归一化、规范化的概念和方法；熟练掌握相应的 R 语言数据处理函数。

2. 实验内容

（1）使用 mtcars 数据集，完成一些变量，包括 mpg（耗油量）、wt（重量）、hp（总功率）的数据中心化、标准化操作。

（2）使用 mtcars 数据集，完成一些变量，包括 mpg（耗油量）、wt（重量）、hp（总功率）的数据归一化操作。

3. 实验步骤

（1）使用 mtcars 数据集，完成一些变量，包括 mpg（耗油量）、wt（重量）、hp（总功率）的数据中心化、标准化操作。

```
> a <- as.matrix(mtcars)                #将 mtcars 数据集赋值到 a 矩阵中
> head(a)
> ##以 mpg(耗油量)为例进行数据中心化操作
> scale(a[, 1], center = T, scale = F)
                        [,1]
Mazda RX4              0.909375
Mazda RX4 Wag          0.909375
```

```
Datsun 710                  2.709375
Hornet 4 Drive              1.309375
（省略）
attr(,"scaled:center")
[1] 20.09062
> ##以 mpg(耗油量)为例进行数据标准化操作
> scale(a[, 1], center = T, scale = T)
                            [,1]
Mazda RX4                   0.15088482
Mazda RX4 Wag               0.15088482
Datsun 710                  0.44954345
Hornet 4 Drive              0.21725341
Hornet Sportabout          -0.23073453
Valiant                    -0.33028740
    （省略）
attr(,"scaled:center")
[1] 20.09062
attr(,"scaled:scale")
[1] 6.026948
```

（2）使用 mtcars 数据集，完成一些变量，包括 mpg(耗油量)、wt(重量)、hp(总功率)的数据归一化操作，公式为 y＝(x-MinValue)/(MaxValue-MinValue)。

```
> ##对 mpg(耗油量)进行数据归一化操作
> a <- as.matrix(mtcars)            #将 mtcars 数据集放到 a 矩阵中
> b <- a[, c(1)]                    #取 a 矩阵中第一列，命名为 b
> options(digits = 4)               #取数据小数点后四位
> w <- scale(b, center = T, scale = T)   #使用 scale 函数将 b 中心化，命名为 w
> max(w)                            #取 w 最大值
> min(w)                            #取 w 最小值
> y = (w + 1.608) / 3.891           #代入归一化公式
```

（3）使用 plot 或 ggplot，绘制某变量中心化、标准化、归一化后的图形。

```
> ##wt(重量)中心化后图形
> z <- scale(d, center = T, scale = F)
> plot(z, main = "重量中心化后图形", xlab = "车辆数量", ylab = "中心化后数据")
```

5.6.4 实验 4：数据重构

1. 实验目标

了解数据重构的概念和方法；掌握 reshape2 包中的 melt()和 dcast()函数用法。

2. 实验内容

(1) 熟悉 airquality 数据集,对数据集进行 melt 操作并观察数据变化。

(2) 使用 dcast()函数进行数据重构,绘制图形。

3. 实验步骤

(1) 熟悉 airquality 数据集,对数据集进行 melt 操作并观察数据变化。

```
> library(reshape2)
> names(airquality) <- tolower(names(airquality))  #不区分大小写
> head(airquality)
    ozone  solar.r  wind  temp  month  day
1     41     190    7.4    67     5     1
2     36     118    8.0    72     5     2
3     12     149   12.6    74     5     3
4     18     313   11.5    62     5     4
5     NA      NA   14.3    56     5     5
6     28      NA   14.9    66     5     6
> aql <- melt(airquality)                            #按默认情况对数据进行"融化"
No id variables; using all as measure variables
> head(aql)
    Variable  value
1    ozone     41
2    ozone     36
3    ozone     12
4    ozone     18
5    ozone     NA
6    ozone     28
> ##将"月份""日期"作为 id 变量区分不同行数据
> aql<- melt(airquality, id.vars = c("month", "day"))
> head(aql)
    month day  variable  value
1     5    1    ozone     41
2     5    2    ozone     36
3     5    3    ozone     12
4     5    4    ozone     18
5     5    5    ozone     NA
6     5    6    ozone     28
```

(2) 使用 dcast()函数进行数据重构,绘制图形。

```
> ##使用 dcast 函数进行重构,对每个月数据进行分组计算平均值,并去除缺失值
> aqw <- dcast (aql, month ~ variable, fun.aggregate = mean, na.rm = TRUE)
```

```
> head(aqw)
    month   ozone    solar.r    wind      temp
1      5 23.61538 181.2963 11.622581 65.54839
2      6 29.44444 190.1667 10.266667 79.10000
3      7 59.11538 216.4839  8.941935 83.90323
4      8 59.96154 171.8571  8.793548 83.96774
5      9 31.44828 167.4333 10.180000 76.90000
> ##绘图,将数据集 melt 便于绘图。variable.name 形成新的数据列
> aq <- melt(airquality,
+        measure.vars=c("solar.r","wind","temp"),
+        variable.name ="V.type", value.name="value")
> aq$month <- factor(aq$month)              #将数据因子化
> library(ggplot2)
> ##以数据 aq 画图,x、y 轴为 ozone、value,颜色是月份
> p <- ggplot(aq, aes(x = ozone, y = value, color = month)) + theme_bw()
> ##添加图层,并设置为散点图,添加曲线,形成多个统计图,如图 5-5 所示
> p <- p+geom_point(shape=20, size=4)+geom_smooth(aes(group=1),fill="grey")
> p <- p + facet_wrap(~V.type, scales = "free_y")
```

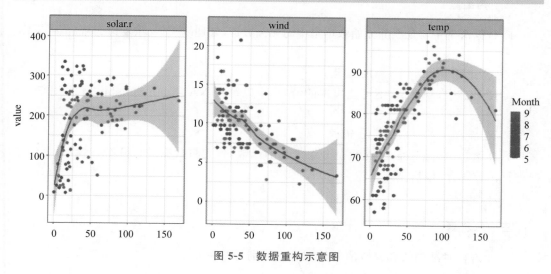

图 5-5　数据重构示意图

◆ 思考与练习

一、多选题

1. 以下关于数据标准化说法正确的是(　　　)。

　A. 数据标准化处理是数据分析的一项基础工作,由于不同评价指标往往具有不同的量纲,数据之间的差别可能很大,直接使用会影响分析的结果

　　B. 数据的标准化是将数据按照比例缩放,使它落入一个特定的区间

　　C. 数据的归一化是数据标准化的一种,目的是把数据变为(0,1)或(−1,1)之间的小数,把有量纲的数据转换为无量纲的纯数据

　　D. R 语言实现数据标准化的函数主要有 options、scale 等

2. 在数据挖掘过程中,数据预处理是很重要的工作,它的主要任务包括(　　)。

　　A. 数据变换　　　　B. 数据清洗　　　　C. 数据集成　　　　D. 数据规约

3. R 语言检测重复函数的是(　　)。

　　A. unique　　　　　B. duplicated　　　　C. mice　　　　　　D. unlist

4. transform 函数的主要作用是(　　)。

　　A. 为原数据框增加新的列变量

　　B. 改变列变量的值

　　C. 删除列变量

　　D. 去除重复值

5. 数据框的合并包括行、列的合并,用到的函数有(　　)。

　　A. merge()　　　　B. cbind()　　　　　C. rbind()　　　　　D. bbind()

二、判断题

1. 数据清洗主要是删除原始数据集中的无关数据,处理缺失值、重复值、异常值等工作。

(　　　　)

　　A. 正确　　　　　　B. 错误

2. R 语言中,缺失值、不可能出现的值等,都以符号 NA(Not Available,不可用)表示。

(　　　　)

　　A. 正确　　　　　　B. 错误

3. R 语言中,aggregate 函数是分组汇总的函数,首先将数据进行分组,然后对每组数据进行函数统计,最后把结果组合返回。

(　　　　)

　　A. 正确　　　　　　B. 错误

三、思考题

1. R 语言对缺失值和异常值的处理有何区别与联系?

2. 简述数据集成有哪些方面的应用。

第 6 章

数 据 分 析

◇ 6.1 随机数模拟

在统计学中经常使用随机数。随机数是在一定范围内随机产生的数,且范围内的每个数出现机会均等。随机数可以被用来安排和模拟一些实验,也可以用来替代一些大量重复的实验。随机数按照维度可分为一元随机数和多元随机数,一元随机数数据的维度是一维,应用广泛。

6.1.1 生成随机数

R 语言中,使用 runif() 函数生成均匀分布且默认为 0 和 1 之间的值,round() 函数按照四舍五入取整,ceiling() 和 floor() 函数则分别为向上或向下取整。这些函数组合使用,可以灵活生成随机整数。

```
> runif(5)
[1] 0.08009853 0.75224770 0.34095199 0.01063413 0.98427423
> round(runif(5))
[1] 1 0 0 1 0
> round(runif(5, 0, 2))
[1] 0 2 1 1 0
> ceiling(runif(5, -2, 1))
[1] 1 1 1 -1 1
> floor(runif(5, -1, 2))
[1] 1 -1 -1 1 -1
```

6.1.2 特定分布的随机数

生成随机数时,可以设定生成特定分布的随机数。经常使用的分布有正态分布、F 分布、均匀分布、泊松分布等,表 6-1 列举了 R 常用的统计分布函数。R 语言在对这些函数命名时有统一的前缀,例如,d:概率密度函数(density),p:分布函数(distribution function),q:分位数函数(quantile function),r:随机数生成函数。正态分布(normal distribution)是常用的分布。R 语言中使用 rnorm() 函数生成 n 个符合正态分布的随机数,默认的平均值是 0,方差为 1。

下面以正态分布为例介绍随机数生成及密度、分位数的计算。

表 6-1　R 常用的统计分布函数

分布	概率密度函数	分布函数	分位数函数	随机数生成函数
正态分布	dnorm()	pnorm()	qnorm()	rnorm()
泊松分布	dpois()	ppois()	qpois()	rpois()
二项分布	dbinom()	pbinom()	qbinom()	rbinom()

```
> ##随机生成正态分布数据并求其密度和分位数
> data <- rnorm (20)                #生成 20 个正态分布的随机数
> data                             #导出 data
 [1]  0.911444095 -1.516654741  0.381933733  1.322669233  0.874481314
 [6] -0.146482173  0.847957627 -0.973062351  0.070220814  0.029339198
[11] -0.066664503  1.525276527 -0.774989642 -0.490849908  0.528699849
[16] -0.077748730  0.588223015 -0.838471460  0.008858576  1.628828244
> dnorm(data)                      #计算 data 中各个随机数的正态分布的密度
 [1] 0.2633415 0.1263045 0.3708806 0.1663493 0.2721785 0.3946851 0.2784673
 [8] 0.2484873 0.3979599 0.3987706 0.3980568 0.1246591 0.2954537 0.3536649
[15] 0.3469064 0.3977383 0.3355643 0.2807037 0.3989266 0.1058768
> pnorm(data)                      #计算 data 中各个随机数的正态分布的累计分布
 [1] 0.81896929 0.06467694 0.64874474 0.90702730 0.80907190 0.44177038
 [7] 0.80176922 0.16526116 0.52799105 0.51170297 0.47342440 0.93640493
[13] 0.21917289 0.31176630 0.70149316 0.46901397 0.72180869 0.20088299
[19] 0.50353401 0.94832531
```

6.1.3　随机抽样

实际中,有时需要从数据集中进行随机抽样。随机抽样可分为重复随机抽样和不重复随机抽样两种。重复抽样是指本次从整体中抽取出的数据样本,在下一次抽取时同样有机会被抽取。不重复抽样是数据一旦被抽取为样本,下次就不能再被抽取。R 语言中,使用 sample()函数可以完成随机抽样。在调试程序或者展示结果时可重复性非常重要,若希望模拟的抽样能够重复出现,则使用 set.seed()函数,它用于设定随机数种子,一个特定的种子可以产生一个特定的伪随机序列。

```
> sample(1:5, 5)                   #从 1-5 中随机抽取 5 次,不重复抽取
[1] 4 1 2 3 5
> sample(1:5, 5, replace=TRUE)     #可重复抽取
[1] 4 1 5 4 1
> set.seed(100)                    #设定种子,其中的 100 为任意数
> sample(1:52, 5)                  #从 52 张扑克牌中随机抽取 5 张
[1] 10 38 48 25 14
> sample(1:52, 5)
```

```
[1] 44 23 22  6  4
> set.seed(100)
> sample(1:52, 5)
[1] 10 38 48 25 14
```

6.2　假设检验

6.2.1　假设检验的方法

常用统计方法可分为描述统计和推断统计,前者能够应用于所有数据集合,包括样本和总体;而后者则是从样本出发推断总体性质。要对总体特征进行推断比较,样本是必不可少的。通常根据是否采用随机抽样,将样本分为随机样本和非随机样本,统计学基本都以随机样本作为研究对象。利用样本数据对总体特征进行推断,主要有两种情况:一种情况是当总体分布为已知,根据样本数据对总体的参数(均值、方差等)进行推断,这类推断常用参数的区间估计和假设检验的方法来实现;另一种情况为总体分布未知,根据样本数据对总体分布的形式或特征进行推断,此时常采用非参数检验来完成对总体分布情况的推断。

假设检验(hypothesis testing),又称统计假设检验,是用来判断样本与样本、样本与总体的差异是由抽样误差引起还是本质差别引起的统计推断方法。显著性检验是假设检验中最常用的一种方法,也是一种最基本的统计推断形式,其基本原理是先对总体的特征做出某种假设,然后通过抽样研究的统计推理进行检验,确定假设成立的可能性大小。如可能性小,则认为假设不成立;若可能性大,则还不能认为假设不成立。常用的假设检验方法有分布检验、均值检验、方差齐性检验、相关性检验等,相应的方法有 t 检验、Z 检验、卡方检验、F 检验等。

假设检验的主要步骤有:①提出假设:根据研究目的提出相应的原假设和备择假设,根据实际情况选择检验方式。②选择检验统计量:根据原假设提供的前提条件,选择合适的检验统计量。③计算概率值:根据统计量分布,计算样本观测值对应的统计量观测值发生的概率值,又称为 p 值或观测到的显著性水平。④比较判断:将给定的显著性水平与计算 p 值比较,作出判断。若 p 值小于显著性水平即为小概率事件($p<0.01$ 或 $p<0.05$),则拒绝原假设,例如总体均值与检验值之间有显著性差异;反之,则不能拒绝原假设,例如总体均值与检验值之间无显著性差异。

6.2.2　均值检验

均值检验,是用样本的均值来估计总体的均值。在简单假设检验中,对单个总体进行均值检验的统计量有 Z 统计量和 t 统计量。若单个总体方差已知,则用 Z 统计量检验;若单个总体方差未知,则采用 t 统计量检验。t 检验适用于正态分布数据集,分为单个正态总体的检验和多个正态总体的检验。单个正态总体的检验,通俗地说是用一个已知的真值来检验一组数据是否服从于以这个真值为中心值的分布。

R 语言中,t.test( )函数使用方法为 t.test(x, y = NULL, alternative = c("two.

sided"，"less"，"greater"），mu＝0，paired＝FALSE，var.equal＝FALSE，conf.level＝
0.95）。其中，x 和 y 是数据（如果只提供 x，则作单个正态总体的均值检验，如果提供 x 和
y，则作两个总体的均值检验）；alternative 表示备择假设；two.sided（默认）表示双边检验
（H1：$\mu \neq$ H0）；less 表示单边检验（H1：$\mu < \mu 0$）；greater 表示单边检验（H1：$\mu > \mu 0$）；mu 表
示原假设 $\mu 0$；conf.level 表示置信水平，通常是 0.95；var.equal 是逻辑变量，值为 TRUE
表示两样品方差相同，FALSE（默认）表示两样本方差不同。

以下随机生成 100 个随机数，然后使用 t.test()函数检验该组数据的均值是否为 0。

```
> t1 <- rnorm(100, mean=0, sd =4)        #生成正态分布随机数,均值为 0,标准差为 4
> t.test(t1, mu=0)                        #t 检验
  One Sample t-test
data:  t1
t = -0.019173, df = 99, p-value = 0.9847
alternative hypothesis: true mean is not equal to 0
95 percent confidence interval:
 -0.6784738  0.6654876
sample estimates:
   mean of x
-0.006493091
> t2 <- rnorm(100, mean=1, sd =4)
> t.test(t2,mu=0)
  One Sample t-test
data:  t2
t = 2.309, df = 99, p-value = 0.02302
alternative hypothesis: true mean is not equal to 0
95 percent confidence interval:
 0.1330095 1.7579973
sample estimates:
mean of x
0.9455034
```

t1 随机数均值为 0，则 t 检验的输出结果中，p 值等于 0.9847，大于 0.05，说明不能拒
绝原假设，即 t1 的均值等于 0。结果中还包含这次随机数的平均值估计值为
－0.006493091。t2 随机数均值为 1，则判定均值为 0 的 t 检验的输出结果中，p 值等于
0.02302，小于 0.05，说明应该拒绝原假设，即 t2 的均值不等于 0。结果中还包含样本的平
均值估计值为 0.9455034。

以下以 iris 数据集为例，假设有一种新测量工具测出 iris 中 Sepal.Length 变量的均
值为 5.8，通过 t 均值检验来查看这种新测量工具是否可靠，即检验第 1 个假设"真实均值
等于 5.8"。

```
> t.test(iris$Sepal.Length, mu=5.8)
  One Sample t-test
```

```
data:   iris$Sepal.Length
t = 0.64092, df = 149, p-value = 0.5226
alternative hypothesis: true mean is not equal to 5.8
95 percent confidence interval:
 5.709732 5.976934
sample estimates:
mean of x
 5.843333
```

根据结果进行分析,新测量工具测出的 Sepal.Length 均值 5.8 和 iris 的 Sepal.Length 均值 5.843333 有一定差异,通过 t 检验的结果判定,p 值等于 0.5226,大于显著性水平 0.05,因此可认为新测量工具在允许的误差范围内,因此,新测量工具可靠。其他统计值为:检验统计量 t 值为 0.64092;自由度 df 为 149;第 3 行给出备择假设(第 2 个假设)"真实均值不等于 5.8";第 4 行说明样本均值的置信区间(95%内)为 [5.709732,5.976934],即新测量工具的测量结果均值在这个范围内是可以接受的。根据上述结果,我们应该接受原假设(第 1 个假设)"检验结果等于真值 5.8",而拒绝备择假设(第 2 个假设)"检验值不等于 5.8"。

6.2.3　相关性检验

相关性检验(correlation test)是对变量之间是否相关以及相关的程度所进行的统计检验。对于多元数据,讨论变量间的相关关系很重要。相关性是否成立不能简单地以相关系数绝对值的大小来决定,这是因为相关系数还受到样本大小等因素的影响。常见的相关性检验方法有 Pearson 相关检验、Spearman 秩相关检验等。Pearson 相关检验是基于正态分布计算的,因此对于服从正态分布的变量,其度量效果更好。在不服从正态分布或不知道是否服从某一种已知的分布时,一般使用 Spearman 秩相关检验。在 5.1 节里使用 cor()函数对变量之间进行相关系数的计算。在本章使用 cor.test()函数检验变量的相关性是否显著,默认使用 Pearson 相关检验。

```
> cor(iris[,c(1:4)])
             Sepal.Length  Sepal.Width  Petal.Length  Petal.Width
Sepal.Length    1.0000000   -0.1175698     0.8717538    0.8179411
 Sepal.Width   -0.1175698    1.0000000    -0.4284401   -0.3661259
Petal.Length    0.8717538   -0.4284401     1.0000000    0.9628654
 Petal.Width    0.8179411   -0.3661259     0.9628654    1.0000000
> cor.test(iris$Sepal.Length,iris$Petal.Length)
Pearson's product-moment correlation
data:   iris$Sepal.Length and iris$Petal.Length
t = 21.646, df = 148, p-value < 2.2e-16
alternative hypothesis: true correlation is not equal to 0
95 percent confidence interval:
 0.8270363 0.9055080
```

```
sample estimates:
      cor
0.8717538
```

从检验结果可以发现，相关系数为 0.8717538，且显著性检验的 p< 2.2e-16(<0.05)，说明"两者之间不存在相关性"的假设不成立，备择假设"true correlation is not equal to 0"成立，即 iris $ Sepal.Length 和 iris $ Petal.Length 存在相关性。

◇ 6.3　方　差　分　析

前面介绍的均值检验(t 检验)用于检验两个正态分布的总体均值是否相等，而方差分析用于检验多个总体(多个组)的均值是否存在差异。现实中，由于各种因素的影响，研究所得的数据会呈现波动的状态。造成波动的原因可分成两类，一类是不可控的随机因素，另一类是研究中施加的、对结果形成影响的可控因素。方差分析(Analysis of Variance，ANOVA)，又称"变异数分析"，目的是从试验数据中分析出各个因素的影响以及因素间的交互影响，以确定其作用大小，从而将由于观测条件不同引起试验结果的不同与由于随机因素引起试验结果的差异用数量形式区别开来，确定在试验中是否存在系统的因素起作用。

从形式上看，方差分析是比较多个总体的均值是否相等，但本质上还是分析变量之间的关系。在研究一个或多个分类型自变量与一个数值型因变量之间的关系时，方差分析是采用的主要方法之一，即通过检验各总体的均值是否相等来判断分类型自变量对数值型因变量是否存在显著影响。在方差分析中，要检验的对象称为因素或因子(factor)，因子的不同表现称为水平(level)。根据因素的数量，方差分析分为单因素方差分析、双因素方差分析、协方差分析等。

单因素方差分析只考虑一个因素对结果的影响。在 R 语言中可用 oneway.test()、aov()等函数进行。下面以 iris 数据集为例，首先使用 aggregate()函数计算不同类别的各特征变量的均值，然后使用 oneway.test()函数检验类别是否对其中某个变量有显著性影响，最后使用 aov()函数做出同样判定。

```
> aggregate(iris[,1:4],by=list(iris$Species), FUN=mean)
     Group.1   Sepal.Length  Sepal.Width  Petal.Length  Petal.Width
1     setosa          5.006        3.428         1.462        0.246
2 versicolor          5.936        2.770         4.260        1.326
3  virginica          6.588        2.974         5.552        2.026
> oneway.test( Sepal.Length ~ Species, iris)
  One-way analysis of means (not assuming equal variances)
data:  Sepal.Length and Species
F = 138.91, num df = 2.000, denom df = 92.211, p-value < 2.2e-16
> summary(aov(Sepal.Length ~ Species, iris))
          Df Sum Sq Mean Sq F value Pr(>F)
```

```
Species       2  63.21  31.606   119.3 <2e-16 ***
Residuals   147  38.96   0.265
---
Signif. codes:  0 '***' 0.001 '**' 0.01 '*' 0.05 '.' 0.1 ' ' 1
```

从 aggregate() 函数计算结果可看到,3 个类别对应的变量均值有差异,但是否显著呢?可通过 oneway.test() 函数的 "Sepal.Length ∼ Species" 来查看不同种类对 Sepal.Length 的影响,得到 p 值小于 0.05,因此拒绝原假设,得出结论:不同种类的特征变量有显著差异,和 aggregate() 函数结果相对应。此外,还可以使用 aov() 函数,注意输出结果需要加上 summary() 函数,最后一行显示的是显著性标记与相应的显著性水平。其中,'***' 表示最显著,'**' 表示非常显著,' * ' 表示比较显著,'.' 表示显著,而 ' ' 表示不显著。由输出结果可知,p 值远小于 0.05,说明拒绝原假设,即三种花的 Sepal.Length 变量有显著差异。

以下基于睡眠数据集 sleep,记录两种催眠药对 10 名患者的效果,共有 20 条实验记录。通过方差分析来确定这两种催眠药对睡眠时间是否有显著影响。

```
> str(sleep)
'data.frame':  20 obs. of  3 variables:
 $ extra: num  0.7 -1.6 -0.2 -1.2 -0.1 3.4 3.7 0.8 0 2 ...
 $ group: Factor w/ 2 levels "1","2": 1 1 1 1 1 1 1 1 1 1 ...
 $ ID   : Factor w/ 10 levels "1","2","3","4",..: 1 2 3 4 5 6 7 8 9 10 ...
> oneway.test(extra ~ group, data = sleep)
  One-way analysis of means (not assuming equal variances)
data:  extra and group
F = 3.4626, num df = 1.000, denom df = 17.776, p-value = 0.07939
> summary(aov(extra ~ group, sleep))
            Df Sum Sq Mean Sq F value Pr(>F)
group        1  12.48  12.482   3.463 0.0792 .
Residuals   18  64.89   3.605
---
Signif. codes:  0 '***' 0.001 '**' 0.01 '*' 0.05 '.' 0.1 ' ' 1
```

str() 函数描述 sleep 中的各个变量取值,其中 value 为数值型变量,group 和 ID 为因子型变量。在 oneway.test() 函数中的 "extra ∼ group" 表明查看不同分组对 extra 值的影响,结果为 p-value 等于 0.07939,大于 0.05,表明接受原假设,得出两组没有显著差异的结论。通过 aov() 函数看到 p 值的显著性标记为 '.',即不显著。结果表明两种催眠药对延长睡眠时间的效果均不显著。

◆ 6.4　线 性 回 归

回归(regression)是通过观察使得认知接近真值的过程,即回归本源。在认知(测量)这个世界时,我们并不能得到这个世界的全部信息(即真值),只能得到这个世界展现出的可被观测到的部分信息。真值是真实存在于这个世界,但是却又无法真正得到的信息。由于认知水平和测量手段受限,观测信息都会存在偏差,导致无法得到真值。那么,如果想得到现实世界的真值,可通过尽可能多的信息,使我们的认识无限接近(回归)于真值。回归分析(regression analysis)就是对客观事物数量依存关系的分析,是统计中常用的方法,被广泛应用于自然现象和社会经济现象中变量之间的数量关系研究。

上文介绍的方差分析,常用来分析分类型自变量与数值型因变量之间的关系,而回归分析主要分析数值型自变量和数值型因变量之间的关系。按照变量的多少,分为一元回归和多元回归;按照自变量和因变量之间的关系形态,可分为线性回归分析和非线性回归分析。

6.4.1 变量间关系

相关分析就是对两个变量之间线性关系的描述与度量,主要解决的问题包括:变量之间是否存在关系? 如果存在关系,它们之间是什么样的关系? 变量之间的关系强度如何? 样本所反映的变量之间的关系能否代表总体变量之间的关系? 为解决这些问题,在进行相关分析时,对总体主要有以下两个假定:两个变量之间是线性关系,两个变量是随机变量。在进行相关分析时,首先绘制散点图来判断变量之间的关系形态。关系形态分为正线性相关、负线性相关、非线性相关和不相关。如果是线性关系,则可以利用相关系数来测量两个变量之间的关系强度,然后对相关系数进行显著性检验,以判断样本所反映的关系能否代表两个变量总体上的关系。

6.4.2 一元线性回归

相关分析的目的在于测度变量之间的关系强度,它所使用的测度工具是相关系数。回归分析则侧重于考察变量之间的数量关系,并通过一定的数学表达式将这种关系描述出来,进而确定一个或几个变量(自变量)的变化对另一个特定变量(因变量)的影响程度。具体来说,回归分析主要解决以下几方面的问题。

(1) 从一组样本数据出发,确定变量之间的数学关系式。

(2) 对这些关系式的可信程度进行各种统计检验,并从影响某一特定变量的诸多变量中找出哪些变量的影响是显著的,哪些是不显著的。

(3) 利用所求的关系式,根据一个或几个变量的取值来估计或预测另一个特定变量的取值,并给出这种估计或预测的可靠程度。

进行回归分析时,首先需要确定哪个变量是因变量,哪个变量是自变量。在回归分析中,被预测或被解释的变量称为因变量(dependent variable),用 y 表示。用来预测或解释因变量的一个或多个变量称为自变量(independent variable),用 x 表示。当回归中只涉及一个自变量时,称为一元回归。若因变量 y 与自变量 x 之间为线性关系,则称为一元线性回归。线性是一个含义很广的数学或物理概念,线性(linear)指量与量之间按比例、成直线的关系,在数学上可以理解为一阶导数为常数的函数;非线性(non-linear)则指不按比例、不成直线的关系,一阶导数不为常数。

对于具有线性关系的两个变量,可以用一个线性方程来表示它们之间的关系。描述因变量 y 如何依赖于自变量 x 和误差项的方程称为回归模型(regression model),描述因变量 y 的期望值如何依赖于自变量 x 的方程称为回归方程(regression equation)。一元线性回归方程的图是一条直线,也称为直线回归方程,方程的形式为 y＝ax＋b。其中,y 表示给定自变量值时因变量的均值或期望值;a 和 b 为回归方程的参数,b 是方程的常数项,表示在 y 轴上的截距,是 x＝0 时 y 的期望值;a 是回归直线的斜率,表示 x 每变动一个单位时 y 的平均变动值。从公式看出,回归方程描述的是 y 和 x 两个变量之间平均的数量变化关系。

　　对于 x 和 y 的 n 对观测值,用于描述其关系的直线有多条,究竟用哪条直线来代表两个变量之间的关系? 最小二乘法(ordinary least squares,OLS),也称为最小平方法,是通过使因变量的观测值与估计值之间的离差平方和达到最小来估计 a 和 b 的方法。在散点图中就是使散点图上的所有观测值到回归直线距离的平方和最小的直线。使用判定系数对估计或预测的回归方程的拟合程度进行度量。

　　R 语言主要使用 lm( )函数拟合回归模型。下面以 women 数据集为例展开。Women 数据集提供了 15 位年龄在 30～39 岁的女性的身高(英寸)和体重(磅)信息。通过 lm( )函数拟合回归方程,采用 plot( )函数绘制散点图,并绘制拟合线,如图 6-1 所示。

```
> str(women)
'data.frame':  15 obs. of  2 variables:
 $ height: num  58 59 60 61 62 63 64 65 66 67 ...
 $ weight: num  115 117 120 123 126 129 132 135 139 142 ...
> cor(women)
          height    weight
height 1.0000000 0.9954948
weight 0.9954948 1.0000000
> fit <- lm(weight ~ height, data=women)
> summary(fit)
Call:
lm(formula = weight ~ height, data = women)
Residuals:
    Min      1Q   Median      3Q      Max
-1.7333  -1.1333  -0.3833   0.7417   3.1167
Coefficients:
             Estimate  Std. Error  t value   Pr(>|t|)
(Intercept)  -87.51667    5.93694    -14.74  1.71e-09 ***
  height       3.45000    0.09114     37.85  1.09e-14 ***
---
Signif. codes:  0 '***' 0.001 '**' 0.01 '*' 0.05 '.' 0.1 ' ' 1
Residual standard error: 1.525 on 13 degrees of freedom
Multiple R-squared:  0.991,  Adjusted R-squared:  0.9903
F-statistic:  1433 on 1 and 13 DF,  p-value: 1.091e-14
> plot(women$height, women$weight)
> abline(fit, col="red")
```

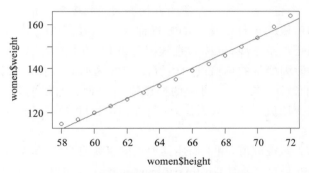

图 6-1　身高与体重的散点图以及拟合的回归直线

在回归建模前先看看两个变量的相关系数,使用 cor() 函数得到皮尔森相关系数矩阵,身高体重相关系数高达 0.995,说明两者高度相关。通过 lm() 函数的输出结果,得到回归方程:Weight = −87.52 + 3.45 ∗ Height,身高不能为 0,所以截距仅仅是一个调整项。回归系数(3.45)显著(p<0.001,***),表明身高每增高 1 英寸,体重预期将增加 3.45 磅。拟合度检验(R-squared)是对预测模型的检验,0.991 表明模型可以解释体重 99.1% 的方差。残差是指实际观察值与估计值(拟合值)之间的差,残差标准误差 1.525,可视为模型用身高预测体重的平均误差。

6.4.3　多项式回归

在实践中,曲线往往比直线更能提高拟合的精度,以图 6-1 为例,可以看到若能用一个弯曲的曲线代替直线,能更好地模拟自变量与因变量之间的关系。因此,可以使用多项式回归方程 y = ax + bx^2 +c,通过添加一个二次项来提高回归的精度,如图 6-2 所示。

```
> fit2 <- lm(weight ~ height + I(height^2), data=women)
> summary(fit2)
Call:
lm(formula = weight ~ height + I(height^2), data = women)
Residuals:
    Min      1Q   Median      3Q      Max
-0.50941 -0.29611 -0.00941  0.28615  0.59706
Coefficients:
            Estimate Std. Error t value Pr(>|t|)
(Intercept) 261.87818   25.19677  10.393 2.36e-07 ***
height       -7.34832    0.77769  -9.449 6.58e-07 ***
I(height^2)   0.08306    0.00598  13.891 9.32e-09 ***
---
Signif. codes:  0 '***' 0.001 '**' 0.01 '*' 0.05 '.' 0.1 ' ' 1

Residual standard error: 0.3841 on 12 degrees of freedom
Multiple R-squared:  0.9995,   Adjusted R-squared:  0.9994
```

```
F-statistic: 1.139e+04 on 2 and 12 DF,  p-value: < 2.2e-16
> plot(women$height,women$weight)
> lines(women$height, fitted(fit2))
```

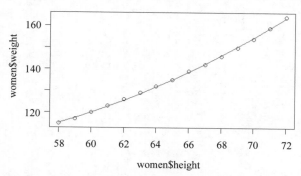

图 6-2 身高与体重的散点图以及拟合的多项式回归曲线

在 lm() 函数中增加了 I(height^2),表示向方程中添加一个身高的平方项,I() 函数将括号的内容看作一个表达式。从结果中可以得到多项式回归方程:Weight=261.88-7.35 * Height+0.08 * Height^2,回归系数非常显著(p<0.01),R-squared 增加到 99.9%,二次项的显著性(t=13.89,p<0.01)表明二次项提高了模型的拟合度。当然也可以使用三次项来拟合,但通常更高的项目没有太大必要。

多项式回归方程仍可认为是线性回归模型,因为等式仍然是自变量的加权和形式。若多项式中把平方计算变为了 log、sin 等计算,仍然可认为是线性的。但是,当方程变为 y=e^(x/a)+b 等形式后则转变为非线性模型。

6.4.4 多元线性回归

在许多实际问题中,影响因变量的因素往往有多个,这种一个因变量与多个自变量的回归问题就是多元回归(Multiple Regression Model),当因变量与各自变量之间为线性关系时,称为多元线性回归。多元线性回归分析的原理同一元线性回归基本相同,但计算上要复杂得多。多元回归方程的一般形式可表示为 y=a * x1+b * x2+c * x3+…+d,它描述了因变量 y 的期望值与自变量 x1,x2,…,xk 之间的关系。一元回归方程在二维空间中是一条直线,可在直角坐标中画出来,但多元回归方程就很难做到这一点。含有两个自变量的回归方程,只能在三维空间中以一个平面表示出来。回归方程中的各项参数仍然使用最小二乘法求得,即残差平方和。回归方程的拟合优度、显著性检验等概念和一元线性回归类似。

下面以 state.x77 数据集为例介绍。state.x77 数据集是美国 50 个州对应的 8 个统计项目的矩阵,利用它来进行犯罪率(Murder)与其他因素(Population 人口,Illiteracy 文盲率,Income 收入,Frost 结霜天数)的多元回归分析。首先使用 as.data.frame() 函数使之变为 data.frame 格式,然后计算各变量之间的相关系数以了解大致情况,再通过 lm() 函数进行多元线性回归模拟,最后获得结果。

```
> str(state.x77)
 num [1:50, 1:8] 3615 365 2212 2110 21198 ...
 - attr(*, "dimnames")=List of 2
  ..$ : chr [1:50] "Alabama" "Alaska" "Arizona" "Arkansas" ...
  ..$ : chr [1:8] "Population" "Income" "Illiteracy" "Life Exp" ...
> class(state.x77)
[1] "matrix"
> states <-as.data.frame(state.x77[, c("Murder", "Population", "Illiteracy",
"Income", "Frost")])
> str(states)
'data.frame' :  50 obs. of  5 variables:
 $ Murder     : num  15.1 11.3 7.8 10.1 10.3 6.8 3.1 6.2 10.7 13.9 ...
 $ Population : num  3615 365 2212 2110 21198 ...
 $ Illiteracy : num  2.1 1.5 1.8 1.9 1.1 0.7 1.1 0.9 1.3 2 ...
 $ Income     : num  3624 6315 4530 3378 5114 ...
 $ Frost      : num  20 152 15 65 20 166 139 103 11 60 ...
> cor(states)
                Murder    Population   Illiteracy      Income        Frost
   Murder    1.0000000    0.3436428    0.7029752   -0.2300776   -0.5388834
Population    0.3436428    1.0000000    0.1076224    0.2082276   -0.3321525
Illiteracy    0.7029752    0.1076224    1.0000000   -0.4370752   -0.6719470
   Income    -0.2300776    0.2082276   -0.4370752    1.0000000    0.2262822
    Frost    -0.5388834   -0.3321525   -0.6719470    0.2262822    1.0000000
> fit3 <- lm(Murder ~ Population + Illiteracy + Income+Frost, data = states)
> summary(fit3)
Call:
lm(formula = Murder ~ Population + Illiteracy + Income + Frost,
    data = states)
Residuals:
    Min     1Q  Median      3Q     Max
-4.7960 -1.6495 -0.0811  1.4815  7.6210
Coefficients:
            Estimate Std. Error t value Pr(>|t|)
(Intercept) 1.235e+00  3.866e+00   0.319   0.7510
Population  2.237e-04  9.052e-05   2.471   0.0173 *
Illiteracy  4.143e+00  8.744e-01   4.738 2.19e-05 ***
Income      6.442e-05  6.837e-04   0.094   0.9253
Frost       5.813e-04  1.005e-02   0.058   0.9541
---
Signif. codes:  0 '***' 0.001 '**' 0.01 '*' 0.05 '.' 0.1 ' ' 1
Residual standard error: 2.535 on 45 degrees of freedom
Multiple R-squared:  0.567,  Adjusted R-squared:  0.5285
F-statistic: 14.73 on 4 and 45 DF,  p-value: 9.133e-08
```

当自变量不止一个时,回归系数的含义为:当一个预测变量增加一个单位,其他预测变量保持不变时,因变量将要增加的数量。根据上述 lm()函数的计算结果,得到回归方程:Murder=(2.237e-04)*Population+4.143*Illiteracy+(6.442e-05)*Income+(5.813e-04)*Frost+1.235。结合之前的相关系数可知,文盲率对犯罪率的影响最大,即当其他变量不变时当文盲率上升 1%,谋杀率将会上升 4.143%,其系数具有显著性(***)。但是其他两个变量 Income 收入和 Frost 结霜天数没有显著性,即当其他变量不变时,这两个变量和犯罪率不呈线性相关。拟合度检验结果为 0.567,表明模型可以解释各州犯罪率 56.7%,代表着观察值与估计值的相关性。残差是指实际观察值与估计值(拟合值)之间的差,残差标准误差 2.535 是模型的平均误差。

◆ 6.5　广义线性模型

6.5.1　广义线性模型概况

上一节探讨的线性回归模型中,因变量 y 是定量(quantitative)的连续型数值数据,但在很多实际问题中,因变量是定性的(qualitative)离散型分类数据。定性变量是指这些量的取值并非有数量上的变化,而只有性质上的差异。例如,性别、民族、血型等,具有固定的取值。定性变量也称分类(categorical)变量,预测一个定性响应值的过程也称分类(classification)。大部分分类问题都首先从预测定性变量取不同类别的概率开始,进而将分类问题作为概率估计的一个结果。根据因变量取值的特点,又可将其分为二元变量(binary variable)和多分类变量,分别对应解决二分类和多分类问题。对于二分类问题,可考虑采用 Logistic 模型或判别分析法来处理,而对于多分类问题,判别分析法的应用更为广泛。

此外,因变量还可以是离散型计数数据,如某段时间内发生事故的次数、心脏异常发生次数等,这类数据都是非负的有限值,称为计数型数据。和标准正态分布的连续型数据不同,这些数据的均值和方差都是相关的,二项分布与泊松分布都是离散分布。

对于上述因变量是分类型、计数型离散数据的情况,其处理过程与回归问题有许多类似,因此可归于同一个家族,即广义线性模型(Generalized Linear Model,GLM)。广义线性模型是正态线性模型的拓展,包括了对非正态因变量的分析,适用于连续和离散等多种类型数据。许多流行的数据分析方法大都可以归属于广义线性模型框架,根据因变量的不同,如果是连续值,就是多元线性回归;如果是二项分布,使用 logistic 回归;如果是泊松分布,则采用泊松回归(poisson regression)等。

在 R 语言中,使用 glm(formula, family = family(link=function),data…)函数建立模型,其参数设置非常灵活,可以拟合许多流行的模型,上节的标准线性模型(如多元线性回归)也是广义线性模型的一个特例。表 6-2 列出了概率分布和相应的参数。

表 6-2　glm( )函数的参数

分 布 名 称	参 数 名 称	默认的连接函数
二项分布	binomial	link＝"logit"
高斯分布（正态分布）	gaussian	link＝"identity"
Gamma 分布	gamma	link＝"inverse"
逆高斯分布	inverse.gaussian	link＝" 1/mu^2"
泊松分布	poisson	link＝"log"

6.5.2　Logistic 回归

Logistic 模型又称 logistic 回归（Logistic regression）分析，简称逻辑回归。虽然称为回归，但其实是分类问题，注意不要混淆。它与多元线性回归有很多相同之处，但最大的区别在于因变量类型不同。Logistic 回归主要研究二元分类因变量与诸多自变量间的相互关系。二元变量的取值一般为 1 或 0，取值为 1 表示某件事情的发生，取值为 0 则表示不发生，因此，当事件发生记为 1，没有发生记为 0。Logistics 回归和多元线性回归相比，相当于它将多元线性回归分析的结果映射到 logit 函数上，然后根据阈值对数据进行二值化，来预测二分类变量。例如，可以将变换后小于 0.5 的样本都记为 0，大于 0.5 的样本都记为 1，这样 y 取值为 0 或 1。假设 y 是 1 的概率为 P1，y 是 0 的概率为 P0，P1＋P0＝1。Logistic 回归的 y 是 P1/P0 的自然对数，即 $y = \ln(P1/P0) = \ln(P1/(1-P1)) = ax+b$，可以看作用直线去拟合，通过极大似然估计出参数，使得在该参数下，能以最大概率生成当前的样本。回归系数是当其他预测变量不变时，一单位预测变量的变化可以引起的因变量对数优势比的变化（优势比是另外一种描述概率的方式，是某种推测为真的概率与某种推测为假的概率的比值）。Logistic 的回归系数是通过极大似然估计方法计算，而非上节中的最小二乘法。

下面以 AER 包中的婚外情数据集（Affairs）为例，阐述 Logistic 回归分析的过程。变量包括婚外情次数、性别、年龄、婚龄、是否有小孩、宗教信仰程度（5 分制，1 分表示反对，5 分表示非常信仰）、学历、职业（7 种分类），还有对婚姻的自我评分（5 分制，1 表示非常不幸福，5 表示非常幸福）。

```
> library(AER)
> str(Affairs)
'data.frame'   :  601 obs. of  9 variables:
 $ affairs      : num  0 0 0 0 0 0 0 0 0 0 ...
 $ gender       : Factor w/ 2 levels "female","male": 2 1 1 2 2 1 1 2 1 2 ...
 $ age          : num  37 27 32 57 22 32 22 57 32 22 ...
 $ yearsmarried : num  10 4 15 15 0.75 1.5 0.75 15 15 1.5 ...
 $ children     : Factor w/ 2 levels "no","yes": 1 1 2 2 1 1 2 2 1 ...
 $ religiousness: int  3 4 1 5 2 2 2 4 4 ...
 $ education    : num  18 14 12 18 17 17 12 14 16 14 ...
```

```
  $ occupation   : int  7 6 1 6 6 5 1 4 1 4 ...
  $ rating       : int  4 4 4 5 3 5 3 4 2 5 ...
```

婚外情数据集取自1969年做的非常有代表性的著名调查,收集了601个样本的9个变量,其中affairs是近一年来婚外情的次数,接下来分析影响是否发生婚外情的显著性影响因素。

```
> Affairs$ynaffair[Affairs$affairs>0] <- 1            #添加新列 ynaffairs
> Affairs$ynaffair[Affairs$affairs==0] <- 0
> Affairs$ynaffair <- factor(Affairs$ynaffair, levels=c(0,1))  #转置为因子型变量
> table(Affairs$ynaffair)                #得到参数表,未有婚外情的样本为 451
  0   1
451 150
> fit. full < - glm ( ynaffair ~ gender + age + yearsmarried + children +
religiousness + education + occupation + rating, data = Affairs, family =
binomial())                                          #所有变量回归分析
> summary(fit.full)
Call:
glm ( formula = ynaffair ~ gender + age + yearsmarried + children +
religiousness + education + occupation + rating, family = binomial(), data =
Affairs)
Deviance Residuals:
    Min      1Q   Median       3Q      Max
-1.5713  -0.7499  -0.5690  -0.2539   2.5191
Coefficients:
                Estimate  Std.Error   z value   Pr(>|z|)
 (Intercept)     1.37726    0.88776     1.551   0.120807
 gendermale      0.28029    0.23909     1.172   0.241083
        age     -0.04426    0.01825    -2.425   0.015301 *
yearsmarried     0.09477    0.03221     2.942   0.003262 **
 childrenyes     0.39767    0.29151     1.364   0.172508
religiousness   -0.32472    0.08975    -3.618   0.000297 ***
  education      0.02105    0.05051     0.417   0.676851
 occupation      0.03092    0.07178     0.431   0.666630
     rating     -0.46845    0.09091    -5.153   2.56e-07 ***
---
Signif. codes:  0 '***' 0.001 '**' 0.01 '*' 0.05 '.' 0.1 ' ' 1
(Dispersion parameter for binomial family taken to be 1)
    Null deviance: 675.38  on 600  degrees of freedom
Residual deviance: 609.51  on 592  degrees of freedom
AIC: 627.51
Number of Fisher Scoring iterations: 4
```

通过glm()函数,将所有的其他8个变量参与到逻辑回归模型中,从结果可以看到,

age、yearsmarried、religiousness、rating 这 4 个变量具有显著性。其他 4 个变量不显著，即无法拒绝参数为 0 的假设。去除这些不显著变量后重新拟合模型。

```
> fit.less <- glm(ynaffair~ age + yearsmarried + religiousness + rating, data
= Affairs, family=binomial())
> summary(fit.less)
Call:
glm(formula = ynaffair ~ age + yearsmarried + religiousness +
    rating, family = binomial(), data = Affairs)
Deviance Residuals:
    Min      1Q   Median      3Q      Max
-1.6278  -0.7550  -0.5701  -0.2624   2.3998
Coefficients:
               Estimate  Std. Error  z value  Pr(>|z|)
 (Intercept)    1.93083    0.61032     3.164   0.001558 **
        age    -0.03527    0.01736    -2.032   0.042127 *
 yearsmarried   0.10062    0.02921     3.445   0.000571 ***
religiousness  -0.32902    0.08945    -3.678   0.000235 ***
      rating   -0.46136    0.08884    -5.193   2.06e-07 ***
---
Signif. codes:  0 '***' 0.001 '**' 0.01 '*' 0.05 '.' 0.1 ' ' 1
(Dispersion parameter for binomial family taken to be 1)
    Null deviance: 675.38  on 600  degrees of freedom
Residual deviance: 615.36  on 596  degrees of freedom
AIC: 625.36
Number of Fisher Scoring iterations: 4
```

可以看到，新模型的每个回归系数都非常显著（$p < 0.05$）。通过方差分析 anova() 函数对两个模型比较后，发现减少变量不会对结果有显著影响（方法此处略），因此可以使用第二个简单模型进行分析解释。在 Logistic 回归中，回归系数表示对数的变化，由于对数比的解释性差，可以将结果进行指数化后查看。

```
> coef(fit.less)
  (Intercept)          age yearsmarried religiousness       rating
   1.93083017  -0.03527112   0.10062274   -0.32902386  -0.46136144
> exp(coef(fit.less))
  (Intercept)          age yearsmarried religiousness       rating
    6.8952321    0.9653437    1.1058594     0.7196258    0.6304248
```

可以看到，婚龄增加 1 年，婚外情的优势比将乘以 1.11；相反，年龄增加 1 岁，婚外情的优势比乘以 0.96，影响较小；婚姻评分升高 1 级，婚外情的优势比将乘以 0.6。由此看出，年龄增加、宗教信仰和婚姻评分的增加会导致婚外情的优势比下降。

还可以使用 predict() 函数，观察预测变量在各个水平时对结果概率的影响。对于二项分布,观测到的响应变量的方差大于期望的二项分布的方差,称为过度离势,这会导致不精确的显著性检验,此时需要将二项分布改为类二项分布。检测过度离势也是得到准确分析结果的步骤之一,在此省略。Logistic 回归还有很多变种,如稳健 logistic 回归,robust 包中的函数 glmRob();多项分布 logistic 回归,mlogit 包中的函数 mlogit();序数 logistic 回归,rms 包中的函数 lrm()。它们的拟合过程大同小异,但是评价模型优度和诊断更加复杂。

6.5.3 泊松回归

当因变量是分类型,如是/否、通过/未通过等二分类或多分类时,使用 Logistic 回归。当因变量是计数型,如一周交通事故的次数、足球进球个数等问题时,可采用泊松回归。现将婚外情数据集采用泊松回归进行分析。

```
> summary(Affairs$affairs)
   Min. 1st Qu.  Median    Mean 3rd Qu.    Max.
  0.000   0.000   0.000   1.456   0.000  12.000
> fit.poisson <- glm(affairs ~ gender + age + yearsmarried + children +
religiousness + education + occupation + rating, data = Affairs, family =
poisson())
> summary(fit.poisson)
Call:
glm(formula = affairs ~ gender + age + yearsmarried + children + religiousness
+ education +
  occupation + rating, family = poisson(),
    data = Affairs)
Deviance Residuals:
    Min      1Q  Median      3Q     Max
-4.5331  -1.5813  -1.1597  -0.7084   8.3386
Coefficients:
               Estimate Std. Error  z value  Pr(>|z|)
(Intercept)    2.5528720  0.2877313    8.872  < 2e-16 ***
gendermale     0.0577932  0.0816503    0.708   0.4791
age           -0.0330294  0.0059571   -5.545  2.95e-08 ***
yearsmarried   0.1169683  0.0107798   10.851  < 2e-16 ***
childrenyes   -0.0026631  0.1027267   -0.026   0.9793
religiousness -0.3547250  0.0309683  -11.454  < 2e-16 ***
education      0.0006042  0.0169084    0.036   0.9715
occupation     0.0717169  0.0247803    2.894   0.0038 **
rating        -0.4105613  0.0279314  -14.699  < 2e-16 ***
---
Signif. codes:  0 '***' 0.001 '**' 0.01 '*' 0.05 '.' 0.1 ' ' 1
(Dispersion parameter for poisson family taken to be 1)
    Null deviance: 2925.5  on 600  degrees of freedom
```

```
Residual deviance: 2359.6  on 592  degrees of freedom
AIC: 2871.5
Number of Fisher Scoring iterations: 7
> exp(coef(fit.poisson))
   (Intercept)   gendermale          age  yearsmarried  childrenyes
    12.8439384    1.0594959    0.9675101     1.1240838    0.9973404
  religiousness    education   occupation        rating
     0.7013663    1.0006043    1.0743511     0.6632779
```

在逻辑回归示例中,将婚外情次数进行处理,转换为有/无的二分类后进行分析。本例直接使用婚外情次数用于泊松回归分析,婚外情次数从 0 次到 12 次不等。通过 glm() 函数的 poisson 选项设置,结果显示 age、yearsmarried、religiousness、occupation、rating 这 5 个变量有"*"标记,具有显著性,其他 3 个变量不显著。其后对回归系数进行指数化变形,从结果可以看出,保持其他变量不变,年龄每增加一岁,婚外情次数将乘以 0.967,意味着随着年龄的增加,婚外情次数减少;当婚姻评分每升高一级,婚外情次数将乘以 0.663,说明其他因素不变时,婚姻评分每升高一级,婚外情次数将降低 34%。同样,还需要评价泊松模型的过度离势等,从而获得更准确的分析结果。

◇ 6.6 综合实验

6.6.1 实验 1:假设检验的应用

1. 实验目标

理解常用假设检验概念和方法;熟练掌握 R 语言常用的相关函数。

2. 实验内容

(1) 使用甲、乙两台机床来加工同种零件,两种机床加工零件的尺寸服从正态分布,且方差相同,从两种机床加工的零件中分别抽取若干零件测得其尺寸如下,请检验两台机床加工的零件尺寸均值是否一致? (取 p=0.05)

甲:20.9,19.1,19.7,20.4,20.1,20.0,19.0,19.99

乙:20.72,19.82,19.52,20.82,20.42,19.62,20.22

(2) 使用同一设备和试剂进行样品的提纯,先使用标准试剂,再用新试剂,交替进行各获得 10 组数据如下(数据值越大效果越好)。设样本相互独立且正态分布,问新试剂能否提高效果? (取 p=0.05)

标准试剂:78.1,72.4,76.2,74.3,77.4,78.4,76.0,75.5,76.7,77.3

新试剂:79.1,81.0,77.3,79.1,80.0,79.1,79.1,77.3,80.2,82.1

3. 实验步骤

(1) 检验两台机床加工的零件尺寸均值是否一致?

```
> ##根据题意,选择 t.test(),设 var.equal=TRUE,即原假设为两者相等
> A<-c(20.9,19.1,19.7,20.4,20.1,20.0,19.0,19.99)
> B<-c(20.72,19.82,19.52,20.82,20.42,19.62,20.22)
> t.test(A, B, var.equal = TRUE)
         Two   Sample t-test
data:   A and B
t = -0.87366, df = 13, p-value = 0.1991
alternative hypothesis: true difference in means is less than 0
95 percent confidence interval:
      -Inf 0.2712459
sample estimates:
mean of A mean of B
 19.89875   20.16286
```

结果表明,A 的均值是 19.89875,B 的均值是 20.16286,P 值为 0.1991,大于 0.05,因此接受原假设,即零件尺寸均值一致。

(2) 新试剂能否提高效果?

```
> ##根据题意,选择 t.test(),设 var.equal=TRUE,即原假设为两者相等
> X<-c(78.1,72.4,76.2,74.3,77.4,78.4,76.0,75.5,76.7,77.3)
> Y<-c(79.1,81.0,77.3,79.1,80.0,79.1,79.1,77.3,80.2,82.1)
> t.test(X, Y, var.equal = TRUE)
         Two Sample t-test
data:   X and Y
t = -4.2957, df = 18, p-value = 0.0004352
alternative hypothesis: true difference in means is not equal to 0
95 percent confidence interval:
 -4.765026 -1.634974
sample estimates:
mean of X mean of Y
    76.23     79.43
```

结果表明,X 的均值是 76.23,Y 的均值是 79.43,P 值为 0.0004352,小于 0.05,因此拒绝原假设,接受备择假设,即新的操作能够提高效果。

6.6.2　实验 2:方差分析

1. 实验目标

理解方差分析概念;熟练掌握 R 语言常用的相关函数。

2. 实验内容

(1) 使用 str()、table()、aggregate()、ggplot()等函数,对 ToothGrowth 数据集进行

基本分析和绘图。

（2）使用 oneway()、summary(aov())等函数,对 ToothGrowth 数据集进行单因素方差分析,解释结果。

（3）使用 summary(aov())等函数,对 ToothGrowth 数据集进行多因素方差分析,解释结果。

3. 实验步骤

（1）对 ToothGrowth 数据集进行基本分析和绘图。

ToothGrowth 数据集来自 R 基础包,是一个不同药物剂量及剂型对于豚鼠牙齿生长的影响记录。其中,len 为连续性变量,代表牙齿生长长度;sup 为分类变量,代表喂食方式（橙汁或维生素 C）;dose 为数值型变量。三个数值分别为 0.5mg/day、1mg/day 和 2mg/day,可以当成分类变量。

① 使用 str()函数描述变量。

```
> str(ToothGrowth)                          #描述 ToothGrowth 中各变量取值
'data.frame':    60 obs. of  3 variables:
 $ len : num  4.2 11.5 7.3 5.8 6.4 10 11.2 11.2 5.2 7 ...
 $ supp: Factor w/ 2 levels "OJ","VC": 2 2 2 2 2 2 2 2 2 2 ...
 $ dose: num  0.5 0.5 0.5 0.5 0.5 0.5 0.5 0.5 0.5 0.5 ...
```

② 使用 table()函数统计因子各水平的出现次数（称为频数或频率）。

```
> table(ToothGrowth$len)                     #统计豚鼠牙齿不同长度出现的频数,结果略
> table(ToothGrowth$supp, ToothGrowth$dose)
    dose
supp  0.5  1  2
  OJ   10  10  10
  VC   10  10  10
```

③ 使用 aggregate()函数。

```
#计算不同剂量下牙齿生长长度均值
> aggregate(ToothGrowth[,1], by=list(ToothGrowth$dose), FUN=mean)
  Group.1      x
1    0.5   10.605
2    1.0   19.735
3    2.0   26.100
```

由结果可以看出,当橙汁或维生素 C 剂量为 2.0mg/day 时,豚鼠牙齿生长的平均长度最长;在剂量为 0.5mg/day 时,豚鼠牙齿生长的平均长度最短。可以推测,在一定范围内,橙汁或维生素 C 剂量越大,豚鼠牙齿生长越快。

```
#计算不同喂食方式的牙齿生长长度均值
> aggregate(ToothGrowth[,1], by=list(ToothGrowth$supp), FUN=mean)
  Group.1        x
1      OJ  20.66333
2      VC  16.96333
```

由计算结果可知,在其他条件不变时,喂食 OJ 的豚鼠牙齿平均生长长度比喂食 VC 的豚鼠牙齿平均生长长度更长,可以推测 OJ 更利于豚鼠牙齿生长。

```
#计算不同喂食方式的牙齿生长长度标准差
> aggregate(ToothGrowth[,1], by=list(ToothGrowth$supp) ,FUN=sd)
  Group.1        x
1      OJ  6.605561
2      VC  8.266029
```

④ 绘图。

```
#使用 plot 函数作图
>plot(ToothGrowth[,3], ToothGrowth[,1], xlab="dose", ylab="len", pch=1, col
=ToothGrowth[,2])
> grid(col="grey80")
```

使用 plot()函数作图,以不同喂食剂量为横轴,以豚鼠牙齿生长长度为纵轴,并选灰色虚线做底。由作图结果可以看出,当喂食剂量为 0.5mg/day 时,豚鼠牙齿长度为 10mm 左右;当剂量为 1.0mg/day 时,豚鼠牙齿长度为 20mm 左右;而当喂食剂量为 2.0mg/day 时,豚鼠牙齿长度为 26mm 左右。图 6-3 结果与 mean()函数计算结果相符。

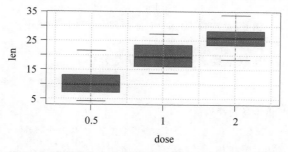

图 6-3　不同喂食剂量与豚鼠牙齿生长长度的箱线图

⑤ ggplot()绘图。

```
#绘制散点图,如图 6-4 所示
> ggplot(data = ToothGrowth) + geom_point(aes(x=len, y=dose, colour=supp,
shape=supp))
#绘制箱线图,如图 6-5 所示
> ggplot(ToothGrowth)+geom_boxplot(aes(x=len, y=dose, fill=supp))
```

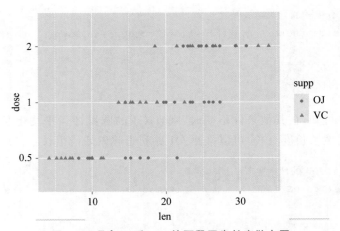

图 6-4　喂食 OJ 和 VC 的豚鼠牙齿长度散点图

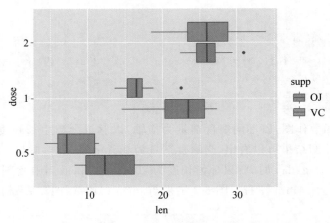

图 6-5　喂食 OJ 和 VC 的豚鼠牙齿长度箱线图

（2）对 ToothGrowth 数据集进行单因素方差分析。

① 显著相关。

```
#计算不同剂量下牙齿生长长度均值
> aggregate(ToothGrowth[,1], by=list(ToothGrowth$dose), FUN=mean)
  Group.1      x
1    0.5   10.605
2    1.0   19.735
3    2.0   26.100
> oneway.test(len~dose, ToothGrowth)
#单因素分析：显著相关性
One-way analysis of means (not assuming equal variances)


data:  len and dose
```

```
F = 68.401, num df = 2.000, denom df = 37.743, p-value =2.812e-13
> summary(aov(len~dose, ToothGrowth))
            Df Sum Sq Mean Sq F value   Pr(>F)
dose         2   2426    1213   67.42 9.53e-16 ***
Residuals   57   1026      18
---
Signif. codes:  0 '***' 0.001 '**' 0.01 '*' 0.05 '.' 0.1 ' ' 1
#'***'表示最显著,表明不同食物剂量对于豚鼠牙齿生长长度影响有显著差异
```

② 不显著相关。

```
> str(ToothGrowth)
'data.frame':  60 obs. of  3 variables:
 $ len : num  4.2 11.5 7.3 5.8 6.4 10 11.2 11.2 5.2 7 ...
 $ supp: Factor w/ 2 levels "OJ","VC": 2 2 2 2 2 2 2 2 2 2 ...
 $ dose: Ord.factor w/ 3 levels "0.5"<"1"<"2": 1 1 1 1 1 1 1 1 1 1 ...
> oneway.test(len~supp, data = ToothGrowth)


 One-way analysis of means (not assuming equal variances)


data:  len and supp
F = 3.6683, num df = 1.000, denom df = 55.309, p-value =0.06063
> summary(aov(len~supp, ToothGrowth))
            Df Sum Sq Mean Sq F value  Pr(>F)
supp         1    205  205.35   3.668  0.0604 .
Residuals   58   3247   55.98
---
Signif. codes:  0 '***' 0.001 '**' 0.01 '*' 0.05 '.' 0.1 ' ' 1
#'.' 表示不显著,表明不同的喂食方法对豚鼠牙齿生长长度的效果不显著
```

(3) 使用 summary(aov())等函数,对 ToothGrowth 数据集进行多因素方差分析,并解释结果。

① 使用 summary(aov())等函数进行多因素分析(程序结果略)。

```
> attach(ToothGrowth)
> table(supp, dose)
> aggregate(len, by=list(supp, dose), FUN=mean)
> aggregate(len, by=list(supp, dose), FUN=sd)
> dose <- factor(dose)
#dose 变量被设置成因子变量,这样 aov()函数就会将它当作一个分类变量,而不是数值型变量
> ##condider interactive factor
> fit <- aov(len ~ supp * dose)
> summary(fit)
#结果表明主效应和交互效应都是显著的
```

② 使用 interaction.plot() 函数来展示双因素方差分析的交互效应(如图 6-6 所示)。

```
> interaction.plot(dose, supp, len, type="b", col=c("red","blue"), pch=c(16,
18), main = "Interaction between Dose and Supplement Type")
```

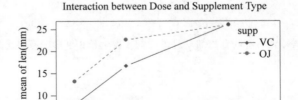

图 6-6　双因素方差分析的交互效应图

由图 6-6 可知,在一定范围内,随着喂食剂量的增加,豚鼠牙齿平均生长长度增大,并且其他条件不变时,OJ 对豚鼠牙齿生长的影响比 VC 的影响大。

6.6.3　实验 3:一元线性回归分析

1. 实验目标

理解线性回归模型;熟练掌握 R 语言常用的相关函数。

2. 实验内容

(1) 给出 y <- c(1,2,3,4,5),x <- c(2,4,6,8,10),确定 x 和 y 之间的线性回归方程,解释参数含义及结果,绘制 plot 的散点图和拟合线。

(2) 生成评价拟合模型的 4 张诊断图,解释图的含义。

(3) 给出新的一组数 x=c(10,11,12),对 y 进行预测,解释结果。

3. 实验步骤

(1) 确定线性回归方程,绘制散点图和拟合线。

```
> y <- c(1,2,3,4,5)
> x <- c(2,4,6,8,10)
> relation <- lm(y~x)
> print(relation)
> coefficients(lm(y~x))
> library("ggplot2")
> library("RColorBrewer")
> plot(x,y)
> abline(lm(y ~ x), lwd=3, col="red")          #如图 6-7 所示
```

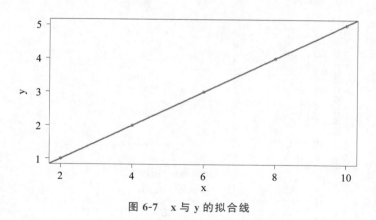

图 6-7　x 与 y 的拟合线

（2）生成评价拟合模型的 4 张诊断图，解释图的含义。

```
> plot(lm(y~x))                                    #如图 6-8 所示
Hit <Return> to see next plot:
Hit <Return> to see next plot:
Hit <Return> to see next plot:
Hit <Return> to see next plot:
```

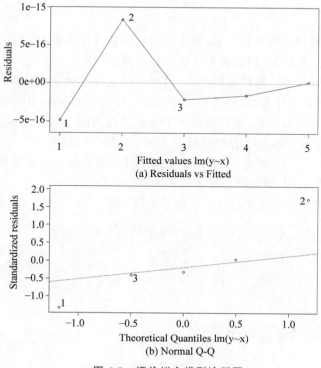

(a) Residuals vs Fitted

(b) Normal Q-Q

图 6-8　评价拟合模型诊断图

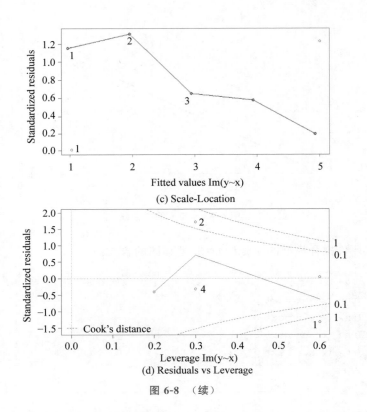

图 6-8 （续）

使用线性回归模型之前需要考虑,原本的数据不是线性关系,从而不能简单用线性模型描述极端的样本点等情况,因此需要从更多的信息中判断。

Residuals vs Fitted 图,横轴是拟合值,纵轴是残差(Residuals),通过残差的分布是否均匀,判断数据是不是线性关系,如图 6-8(a)所示。Q-Q 图即 Quantile-Quantile 图,把两个分布的分位数放在一起比较,来判断这两个分布是否相似,从而检验误差是否服从正态分布。如果服从,则图上的点将会贴近这条直线,如图 6-8(b)所示。Scale-Location 图,作用和 Residuals vs Fitted 图类似,可以更方便地看出误差分布的范围如图 6-8(c)所示。Residuals vs Leverage 图,判断极端样本点如图 6-8(d)所示。

(3) 对新的一组数 x=c(10,11,12),对 y 进行预测。

```
> new<-data.frame(x=c(10,11,12))
> predict(lm(y~x),new)
  1   2   3
5.0 5.5 6.0
```

6.6.4　实验 4:多项式回归分析

1. 实验目标

理解多项式回归模型方法;熟练掌握 R 语言常用的相关函数。

2. 实验内容

（1）使用 women 数据集，分别进行一元线性回归和多项式回归模拟，对两个模拟的结果进行比较，分别绘制散点图和拟合线。

（2）给出一组数据 height＝c(58.5，60.5，68.5，70.5)，分别根据模型进行预测，比较结果。

3. 实验步骤

（1）一元线性回归和多项式回归模拟，绘图并比较。

① 进行一元线性回归拟合并显示结果。

```
> R1 <- m(weight ~ height, data = women)      #用数据集 women 进行拟合
> plot(women)                                  #如图 6-9 所示
> abline(R1)
```

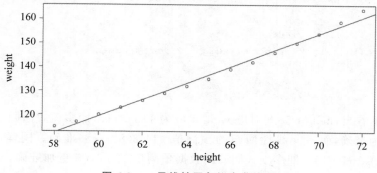

图 6-9　一元线性回归拟合曲线图

② 进行多项式回归模拟并显示结果。

```
> R2 = lm(weight ~ height + I(height^2), data = women)    #进行拟合
> plot(women)                                             #如图 6-10 所示
> lines(women$height, fitted(R2), col = "red")
```

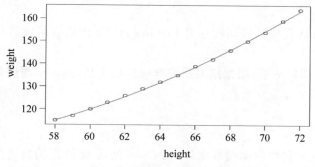

图 6-10　多元线性回归拟合曲线图

③ 通过 summary()函数进行分析比较。

a. 残差。

多项式模拟残差更小,多项式拟合效果更贴近真实值。

b. 模型能够解释情况。

一元线性回归：R-squared： 0.991

多项式回归：R-squared： 0.9995

比较发现,多项式回归可解释情况为0.999,大于一元回归的0.991,能解释更多数据。

c. 模型显著程度。

一元线性回归：F-statistic 为 1433 on 1 and 13 DF， p-value 为 1.091e-14

多项式回归：F-statistic 为 1.139e+04 on 2 and 12 DF， p-value 小于 2.2e-16

比较发现,多项式回归 p-value 值更小,即多项式回归模型更显著。

(2) 根据模型对 height 进行预测并比较结果。

```
> new=data.frame(height=c(58.5,60.5,68.5,70.5))
> predict(lm(weight~height, data=women), new)
       1        2        3        4
114.3083 121.2083 148.8083 155.7083
> predict(lm(weight~height+I(height^2),data=women), new)
       1        2        3        4
116.2673 121.3399 148.2753 156.6705
```

通过数据看出,height 58.5 对应 weight 应为 115～117,即多项式回归的数据预测值 116.2673 更为准确,而一元线性回归的预测值 114.3083 不够准确。同样,70.5 对应的 weight 应当在 154～159,即多项式回归的数据预测值 156.6705 更加准确,所以多项式回归模拟更加准确。

6.6.5 实验 5：泊松回归分析

1. 实验目标

理解广义线性模型的方法;熟练掌握 R 语言常用的相关函数。

2. 实验内容

(1) 了解 robust 包中的癫痫数据集 Breslow,使用 R 语言函数进行基本数据分析并绘制图形。

(2) 进行泊松回归分析,根据结果研究癫痫发病次数(sumY)与用药(Trt)的关系,推断药物治疗能否减少癫痫发病数。

3. 实验步骤

(1) 了解 robust 包中的癫痫数据集 Breslow,使用 R 语言函数进行基本数据分析并绘制图形。

```
> install.packages("robust")              #下载 robust 程序包
> library("robust")                        #查看是否已经下载成功
载入需要的程序包:fit.models                #提示需要载入此程序包
> library(fit.models)
> library(robust)                          #读取 robust 包
> data("breslow.dat", package="robust")    #打开癫痫数据集
> names(breslow.dat)                       #查看癫痫数据集的各项内容
```

癫痫数据集中的结果变量是随机化后八周内癫痫发病数,预测变量是治疗条件、年龄和前八周内的基础癫痫发病数(Base)。下面使用 R 语言函数进行基本数据分析并绘制图形。

```
> summary(breslow.dat[c(6:8,10)])           #展示拟合模型的详细结果
     Base            Age             Trt             sumY
 Min.   :  6.00  Min.   :18.00  placebo  :28  Min.   :  0.00
 1st Qu.: 12.00  1st Qu.:23.00  progabide:31  1st Qu.: 11.50
 Median : 22.00  Median :28.00                Median : 16.00
 Mean   : 31.22  Mean   :28.34                Mean   : 33.05
 3rd Qu.: 41.00  3rd Qu.:32.00                3rd Qu.: 36.00
 Max.   :151.00  Max.   :42.00                Max.   :302.00
> opar <- par(no.readonly=TRUE)
#使用 par() 函数的目的为优化 R 中默认的图形参数设置,使其能更好地展示自己的数据,避免
坐标轴或标题出界,或者图例说明的大小、位置遮挡住图形等情况出现
#逻辑变量 no.readonly=TRUE 且没有其他变量时,返回当前绘图设备下已设定好的绘图参数
> View(breslow.dat)
> hist (breslow. dat $sumY, breaks = 20, xlab =" breslow. dat $sumY ", main ="
Distribution of Seizures")                  #绘制直方图,如图 6-11 所示
> boxplot(breslow.dat$sumY~breslow.dat$Trt) #绘制箱线图,如图 6-11 所示
```

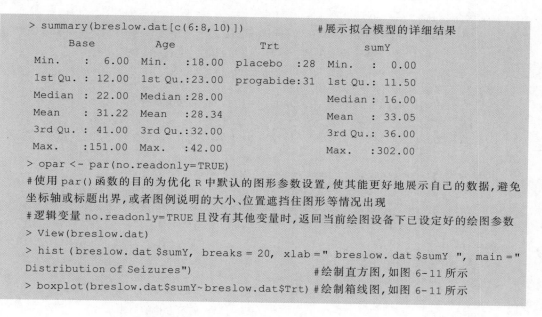

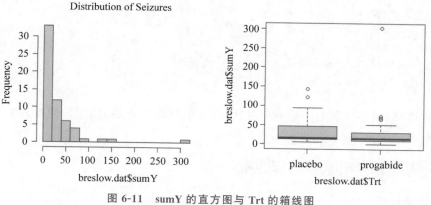

图 6-11　sumY 的直方图与 Trt 的箱线图

(2)进行泊松回归分析,根据结果研究癫痫发病次数(sumY)与用药(Trt)的关系,推

断药物治疗能否减少癫痫发病数。

```
> fit <- glm(sumY~Base+Age+Trt, data=breslow.dat, family=poisson())
#执行泊松回归分析
> summary(fit)                                    #查看分析结果
Call:
glm(formula = sumY ~ Base + Age + Trt, family = poisson(), data = breslow.dat)
#函数姓名
Deviance Residuals:                               #异常残差
    Min      1Q   Median      3Q      Max
 -6.0569  -2.0433  -0.9397   0.7929  11.0061


Coefficients:                                     #系数
                Estimate  Std. Error  z value  Pr(>|z|)
(Intercept)     1.9488259  0.1356191   14.370   < 2e-16 ***
Base            0.0226517  0.0005093   44.476   < 2e-16 ***
Age             0.0227401  0.0040240    5.651  1.59e-08 ***
Trtprogabide   -0.1527009  0.0478051   -3.194   0.0014 **
---
Signif. codes:  0 '***' 0.001 '**' 0.01 '*' 0.05 '.' 0.1 ' ' 1


(Dispersion parameter for poisson family taken to be 1)

    Null deviance: 2122.73  on 58  degrees of freedom
Residual deviance:  559.44  on 55  degrees of freedom
AIC: 850.71

Number of Fisher Scoring iterations: 5

> coef(fit)                                       #展示方程的回归系数
   (Intercept)         Base          Age  Trtprogabide
   1.94882593   0.02265174   0.02274013   -0.15270095
> exp(coef(fit))                                  #指数函数
   (Intercept)         Base          Age  Trtprogabide
    7.0204403   1.0229102   1.0230007     0.8583864
```

由此可见，当保持其他变量不变时，用药剂量每增加 1 倍，期望的癫痫发病次数将乘以 0.858。

6.6.6 实验 6：Logistics 回归分析

1. 实验目标

理解 Logistics 回归的方法；熟练掌握 R 语言常用的相关函数。

2. 实验内容

(1) 了解 survival 包中的癌症数据集 cancer，使用 R 语言函数进行基本数据分析。
(2) 进行 Logistics 回归分析，根据结果找到癌症致死率(status＝2)的主要特征。

3. 实验步骤

(1) 对 cancer 数据集进行数据分析。

```
> install.packages("survival")        #下载 survial 包
> library(survival)                   #载入包
> bc <- cancer                        #载入数据集
```

① 查看数据集 cancer 的相关信息。

```
> help("cancer")                      #查看数据集具体信息，如图 6-12 所示
```

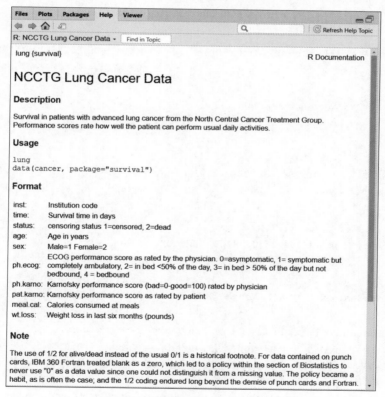

图 6-12　数据集 cancer 的相关信息

② 基本数据分析。

```
> View(bc)                            #查看数据集
```

```
> hist(bc$time)              #定量做直方图分析
> boxplot(bc)                #箱线图分析
```

图 6-13 中箱线图的圆圈代表数据为异常值，可能是由输入错误、统计失误引起的。

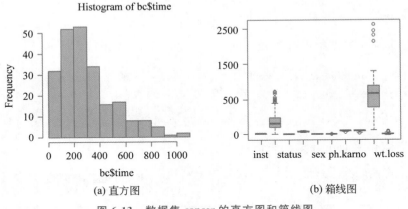

(a) 直方图　　　　　　　　(b) 箱线图

图 6-13　数据集 cancer 的直方图和箱线图

```
> yiyuan <- lm(status~sex, data=bc)      #执行一元线性回归,拟合致死率和性别
> summary(yiyuan)                        #查看拟合度
Call:
lm(formula = status ~ sex, data = bc)

Residuals:
    Min      1Q  Median      3Q     Max
-0.8116 -0.5889  0.1884  0.1884  0.4111

Coefficients:
             Estimate Std. Error t value Pr(>|t|)
(Intercept)   2.03430    0.08723  23.320  < 2e-16 ***
sex          -0.22271    0.05902  -3.773 0.000206 ***
---
Signif. codes:  0 '***' 0.001 '**' 0.01 '*' 0.05 '.' 0.1 ' ' 1

Residual standard error: 0.4356 on 226 degrees of freedom
Multiple R-squared:  0.05926,   Adjusted R-squared:  0.0551
F-statistic: 14.24 on 1 and 226 DF,  p-value: 0.000206
```

在 $Pr(>|t|)$ 栏，可以看到回归系数（-0.22271）显著不为 0（$p<0.001$），R 平方项（0.05926）表明模型可以解释体重 5.926% 的方差。F 统计量检验所有的预测变量，预测响应变量是否都在某个概率水平之上。由于简单回归只有一个预测变量，因此此处 F 检验等同于身高回归系数的 t 检验。

```
> duoyuan <- lm(status~inst+age+sex+ph.ecog+pat.karno+meal.cal+wt.loss,
data=bc)                                    #进行多元线性回归
> summary(duoyuan)                          #查看拟合度
Call:
lm(formula = status ~ inst + age + sex + ph.ecog + pat.karno +
    meal.cal + wt.loss, data = bc)


Residuals:
    Min       1Q  Median      3Q     Max
-0.9948 -0.4076  0.1880  0.2993  0.5983


Coefficients:
              Estimate  Std. Error  t value  Pr(>|t|)
(Intercept)  1.770e+00   3.942e-01    4.491  1.36e-05 ***
inst        -7.664e-03   4.211e-03   -1.820    0.0706 .
age          3.907e-03   3.987e-03    0.980    0.3286
sex         -1.779e-01   7.249e-02   -2.455    0.0152 *
ph.ecog      1.272e-01   5.666e-02    2.245    0.0261 *
pat.karno   -1.554e-03   2.697e-03   -0.576    0.5652
meal.cal     5.448e-05   8.713e-05    0.625    0.5327
wt.loss     -1.716e-03   2.637e-03   -0.651    0.5161
---
Signif. codes:  0 '***' 0.001 '**' 0.01 '*' 0.05 '.' 0.1 ' ' 1


Residual standard error: 0.4299 on 159 degrees of freedom
Multiple R-squared:  0.1299,    Adjusted R-squared:  0.09162
F-statistic: 3.392 on 7 and 159 DF,  p-value: 0.002105
```

总体来看，所有的预测变量解释了致死率 14.3% 的方差。

（2）进行 Logistics 回归分析，找到癌症致死率（status＝2）的主要特征。

```
> head(bc)                                  #查看数据前 6 行
  inst time status age sex ph.ecog ph.karno pat.karno meal.cal wt.loss
1    3  306      2  74   1       1       90       100     1175      NA
2    3  455      2  68   1       0       90        90     1225      15
3    3 1010      1  56   1       0       90        90       NA      15
4    5  210      2  57   1       1       90        60     1150      11
5    1  883      2  60   1       0      100        90       NA       0
6   12 1022      1  74   1       1       50        80      513       0
> summary(bc)                               #数据描述
        inst           time           status          age
 Min.   :1.00   Min.   :  5.0   Min.   :1.000   Min.   :39.00
 1st Qu.:3.00   1st Qu.:166.8   1st Qu.:1.000   1st Qu.:56.00
```

```
     Median  :11.00  Median : 255.5  Median :2.000  Median :63.00
     Mean    :11.09  Mean   : 305.2  Mean   :1.724  Mean   :62.45
     3rd Qu. :16.00  3rd Qu.: 396.5  3rd Qu.:2.000  3rd Qu.:69.00
     Max.    :33.00  Max.   :1022.0  Max.   :2.000  Max.   :82.00
     NA's    :    1
          sex         ph.ecog         ph.karno        pat.karno
     Min.   :1.000  Min.   :0.0000  Min.   : 50.00  Min.   : 30.00
     1st Qu.:1.000  1st Qu.:0.0000  1st Qu.: 75.00  1st Qu.: 70.00
     Median :1.000  Median :1.0000  Median : 80.00  Median : 80.00
     Mean   :1.395  Mean   :0.9515  Mean   : 81.94  Mean   : 79.96
     3rd Qu.:2.000  3rd Qu.:1.0000  3rd Qu.: 90.00  3rd Qu.: 90.00
     Max.   :2.000  Max.   :3.0000  Max.   :100.00  Max.   :100.00
                    NA's   :    1   NA's   :    1   NA's   :    3
        meal.cal         wt.loss
     Min.   :  96.0  Min.   :-24.000
     1st Qu.: 635.0  1st Qu.:  0.000
     Median : 975.0  Median :  7.000
     Mean   : 928.8  Mean   :  9.832
     3rd Qu.:1150.0  3rd Qu.: 15.750
     Max.   :2600.0  Max.   : 68.000
     NA's   :    47  NA's   :    14
> table(bc$status)                        #查看致死率频数
1    2
63  165
> bc$ystatus[bc$status==1] <- 0
> bc$ystatus[bc$status==2] <- 1
> bc$ystatus <- factor(bc$ystatus, levels=c(0,1), labels=c("No","Yes"))
                                          #新列影响因子
> table(bc$ystatus)                       #查看新列频数
No  Yes
63  165
> fit.full <- glm(ystatus~time+age+sex+ph.ecog+ph.karno+meal.cal+wt.loss,
family=binomial(),
+ data=bc, maxit=200)                     #执行广义线性模型拟合(logstic 回归)
> summary(fit.full)                       #查看拟合度
Call:
glm(formula = ystatus ~ time + age + sex + ph.ecog + ph.karno +
    meal.cal + wt.loss, family = binomial(), data = bc, maxit = 200)

Deviance Residuals:
    Min      1Q   Median      3Q      Max
-2.2816  -0.9703  0.5891  0.7947  1.4882
```

```
Coefficients:
              Estimate   Std. Error   z value   Pr(>|z|)
(Intercept)  -1.5738612   3.2896233   -0.478   0.6323
time         -0.0011946   0.0008680   -1.376   0.1687
age           0.0245744   0.0218160    1.126   0.2600
sex          -0.9241286   0.3923572   -2.355   0.0185 *
ph.ecog       1.0083459   0.4726510    2.133   0.0329 *
ph.karno      0.0199851   0.0263653    0.758   0.4484
meal.cal      0.0002356   0.0004987    0.472   0.6366
wt.loss      -0.0032201   0.0145673   -0.221   0.8251
---
Signif. codes:  0 '***' 0.001 '**' 0.01 '*' 0.05 '.' 0.1 ' ' 1

(Dispersion parameter for binomial family taken to be 1)

    Null deviance: 200.46  on 169  degrees of freedom
Residual deviance:178.14  on 162  degrees of freedom
AIC: 194.14

Number of Fisher Scoring iterations: 4
```

　　从回归系数的 p 值(最后一栏)可以看到,除了 sex 和 ph.ecog 对方程贡献显著外,其他因子对方程的影响都不显著,原假设为所有预测变量对方程均有贡献且相同,去除不显著因子,重新拟合。

```
> sp <- glm(ystatus~sex+ph.ecog, family=binomial(), data=bc, maxit=200)
                                            #重新拟合模型
> summary(sp)                               #查看拟合度
Call:
glm(formula = ystatus ~ sex + ph.ecog, family = binomial(), data = bc,
    maxit = 200)

Deviance Residuals:
    Min      1Q    Median      3Q      Max
-2.2214  -1.0298   0.6128   0.8702   1.3325

Coefficients:
              Estimate   Std. Error   z value   Pr(>|z|)
(Intercept)    1.9096      0.5176       3.690   0.000225 ***
sex           -1.1336      0.3164      -3.583   0.000339 ***
ph.ecog        0.8013      0.2327       3.444   0.000573 ***
---
```

```
Signif. codes:   0 '***' 0.001 '**' 0.01 '*' 0.05 '.' 0.1 ' ' 1

(Dispersion parameter for binomial family taken to be 1)

    Null deviance: 268.14   on 226   degrees of freedom
Residual deviance: 242.15   on 224   degrees of freedom
AIC: 248.15

Number of Fisher Scoring iterations: 4
```

由上述分析可知,重新拟合后的模型因子检验显著,表明与致死率相关的特征是 sex 和 ph.ecog。

◇思考与练习

一、单选题

1. 以下哪个函数可以生成符合正态分布的随机数?(   )

    A. dnorm()　　　　　B. rnorm()　　　　　C. rbinom()　　　　　D. pnorm()

2. 检验多个总体的均值是否存在差异,使用以下哪种方法?(   )

    A. t 检验　　　　　B. 方差分析　　　　　C. 一元回归　　　　　D. 泊松回归

3. 以下哪个函数不是线性模型?(   )

    A. $y = ax + bx^2 + c$　　　　　　　　B. $y = ax + c$

    C. $y = e^{(x/a)} + b$　　　　　　　　D. $y = ax + \sin x + c$

4. 对于二项分布,以下哪项属于过度离势?(   )

    A. 观测到的响应变量的方差等于期望的二项分布的方差

    B. 观测到的响应变量的方差不等于期望的二项分布的方差

    C. 观测到的响应变量的方差小于期望的二项分布的方差

    D. 观测到的响应变量的方差大于期望的二项分布的方差

5. 简单线性回归方程 $y = ax + b$,包括一个因变量和一个自变量,请问 x 是什么?(   )

    A. 因变量　　　　　B. 自变量　　　　　C. 因果变量　　　　　D. 目标变量

6. 简单线性回归方程 $y = ax + b$,包括一个因变量和一个自变量,请问 y 是什么?(   )

    A. 因变量　　　　　B. 自变量　　　　　C. 因果变量　　　　　D. 解释变量

二、多选题

1. 以下关于线性回归,说法正确的是(   )。

    A. 线性回归是利用数理统计中回归分析,来确定两种或两种以上变量间相互依赖的定量关系的一种统计分析方法

    B. 一元线性回归是分析只有一个自变量(自变量 x 和因变量 y)线性相关关系的

方法

    C. 如果回归分析中包括两个或两个以上的自变量,且因变量和自变量之间是线性关系,则称为多元线性回归分析

    D. 线性回归的英文: Linear Regression

2. 以下关于回归方程,正确的说法有(　　　)。

    A. 它可以表明自变量和因变量之间的显著关系

    B. 它可以表明多个自变量对一个因变量的影响强度

    C. 多元线性回归方程包括一个因变量和多个自变量

    D. 多项式回归方程只有一个自变量,但包含自变量的幂

3. R 语言中关于线性回归方程的函数有(　　　)。

    A. lm()   B. predict()   C. coefficients()   D. ctree()

4. 常用的假设检验有(　　　)。

    A. 均值检验   B. 相关性检验   C. 方差齐性检验   D. 分布检验

5. 以下用于回归分析的 R 语言包有(　　　)。

    A. Stats   B. party   C. arules   D. base

三、思考题

1. 假设检验的基本原理和步骤是什么?

2. 比较 Logistic 回归与线性回归两种方法的异同。

第7章

数 据 挖 掘

随着计算机、互联网等相关技术的飞速发展与普及,人类社会被爆炸式增长的信息所包围,因此如何从海量数据中挖掘出有用的信息实现数据洞察变得越来越重要。数据挖掘(Data Mining)又称数据库中的知识发现(Knowledge Discover in Database,KDD),是目前人工智能(Artificial Intelligence)和数据库领域研究的热点。所谓数据挖掘,就是从大量的、不完全的、有噪声的、模糊的、随机的实际应用数据中,提取隐含在其中的、人们事先不知道的、但又潜在有用的信息和知识的过程。数据挖掘解决数据存储、大规模数据管理、数据噪声等实际问题,研究和应用数据相关的模型与算法。

◆ 7.1 相 关 概 念

7.1.1 数据分析与数据挖掘

数据挖掘和数据分析"同源同根",没有明确的界限。简单来说,数据挖掘可以理解为深层次的数据分析,从数据中发现知识规律。很多情况下需要将数据分析和数据挖掘结合使用。但两者也有区别:

(1) 数据分析处理的数据量可能不大;而数据挖掘处理的数据量极大,特别擅长处理大数据。

(2) 数据分析往往是从一个假设出发,需要自行建立方程或模型来与假设吻合;而数据挖掘不需要假设,直接建立模型,如关联规则和聚类分析。

(3) 数据分析往往处理数值型数据;而数据挖掘则能够处理不同类型的数据,如声音、文本、图像等。

(4) 数据分析主要侧重于通过观察数据来对历史数据进行统计学分析;而数据挖掘则通过从数据中发现"知识规律"来对未来的某些可能性作出预测分析,更注重分析数据间的内在联系与规律。

(5) 数据分析与数据挖掘的区别更多地体现在职业方向上,数据分析师与业务衔接较多,主要工作涉及理解与梳理业务诉求、明确业务目的和指导模型搭建;数据挖掘工程师主要从事数据清洗和预处理、模型应用与优化以及解决实际问题。

7.1.2 数据挖掘与机器学习

大数据是指规模超出了典型数据库软件工具的捕获、存储、管理和分析能力的数据集。与传统数据相比,大数据的"大"不仅指体量上的扩充,而且指数据在结构、形式、粒度、组织等各方面都更加复杂。数据挖掘试图从海量数据中找出有用的知识,机器学习是它的重要工具,从数据中学习,提取隐含在其中事先不知道但又是潜在有用的信息和知识。

机器学习(Machine Learning)是人工智能的一个分支,主要研究让计算机可以自动学习的算法,是一类从数据中自动分析获得规律,并利用规律对未知数据进行预测的算法。与传统的为解决特定任务而硬编码的软件程序不同,机器学习是用大量的数据来训练,通过各种算法从数据中学习如何完成任务。传统的机器学习算法包括决策树、聚类、贝叶斯分类、支持向量机、EM、Adaboost 等。因为机器学习算法中涉及了很多统计学理论,与统计学的关系密切,故也称为统计机器学习。机器学习的涉及面广,不仅可以用在数据挖掘,也可用于其他与数据挖掘关系不大的领域,如逻辑推理、围棋游戏、自动控制、博弈等。因此,数据挖掘可以视为机器学习和数据库技术的交叉学科,它主要利用机器学习提供的技术分析海量数据,利用数据库提供的技术管理海量数据。

7.1.3 数据驱动为核心的机器学习

数据驱动(Data-driven)方法是从数据出发,从承载表达某一概念的数据中直接学习该概念所涉及的模式,然后基于学习得到的模式对未知数据进行分类或识别,完成"从数据到知识"的过程。按照学习算法对数据利用方式的不同,机器学习算法可分为监督学习、无监督学习、半监督学习、深度学习和强化学习等。

在监督学习中,收集 n 个标注数据作为训练数据集,数据集中的标注数据及其标注信息记为 $(X,Y)=\{(x_i,y_i),i=1,2,\cdots,n\}$,其中第 i 个样本数据或者其特征表达记为 x_i,y_i 为 x_i 所对应的类别等标注信息。这里的 x_i 可以是图像或文档等数据,y_i 为 x_i 所对应的语义类别信息。为得到 x_i 中所蕴含语义信息的模式,监督学习在训练数据这一学习范围中学习得到一个最优映射函数 f(也被称为决策函数),映射函数 f 将数据映射到语义标注空间,实现数据的分类和识别。记函数 f 对 x_i 的映射结果为 $f(x_i)$。一个良好的监督学习算法需要使得 $f(x_i)$ 与 y_i 之间的差值越小越好,即模型学会了如何将 x_i 映射为其所表达的高层语义。一旦训练得到了映射函数 f,便可利用映射函数 f 对未知数据进行识别和分类。

除了从训练数据中直接学习映射函数外,也可以通过概率模型来进行识别和分类。如在判别式学习方法中,可从训练数据中学习条件概率分布 $P(y_i|x_i)$,进而根据这一取值判断数据 x_i 属于 y_i 的概率,以实现对 x_i 的分类和识别。或者学习数据和类别标签的联合概率分布 $P(X,Y)$,再通过贝叶斯理论求取后验概率,完成识别和分类。

深度学习是近期在许多领域取得了显著效果的一种监督学习方法,与其他监督学习算法利用手工构造特征(如直方图、纹理或形状等)学习构造分类映射函数或条件概率分布函数不同,深度学习算法一般通过构造逐层抽象的"端到端(end-to-end)"机制来学习隐含在数据内部的隐含模式,得到具有更强表达力和泛化能力的特征表达,然后将深度学习得到的特征用于识别和分类等任务。例如,卷积神经网络(Convolutional Neural Network,CNN)通过卷积层、池化层、激活函数和全连接层构造深度模型,辅以误差后向传播等机制学习模型参数,得到比输入数据更具区别力的特征表达。

与监督学习不同,无监督学习是指数据本身不包含标注信息,半监督学习是指一部分数据有标注信息而一部分数据没有标注信息。监督学习的学习依据为有标签的监督信息,学习目标是样本空间到语义空间的映射;而无监督学习是基于对数据结构的假设,学习目标是同一类数据的分布模式。监督学习算法包括回归分析、提升算法、支持向量机、决策树等;无监督学习包括聚类、降维(如主成分分析)、期望极大算法等。

强化学习是一种序列数据决策学习方法,一般从环境交互中学习。当有良好定义或给出回报值或惩罚值时,强化学习可以让智能体(agent)很好地学习到在不同状态(state)下如何选择行为方式(action)。

7.1.4 模型评估

在应用机器学习方法解决实际问题时,其中一个重要的环节就是在模型训练完成后对模型进行选择和评估。如果得到不止一个模型,应该选择哪一个模型作为最终使用的模型?其效果究竟如何?这就是模型评估的内容。模型评估(Model Assessment)是指对于一种具体方法输出的最终模型,使用一些指标和方法来评价它的泛化能力。模型评估方法不针对模型本身,只针对问题和数据,因此可以用来评价来自不同方法的模型的泛化能力,用于最终模型的选择。

常见的模型性能评估指标如图 7-1 所示,首先以二分类为基础进行介绍。混淆矩阵是一种利用 n 行 n 列的矩阵形式判断分类好坏程度的方法。经典二分类问题的混淆矩阵如图 7-2 所示,预测值和实际值有 4 种可能:TP(True Positive):真实值为 0,预测值也为 0;FN(False Negative),真实值为 0,预测值为 1;FP(False Positive),真实值为 1,预测值为 0;TN(True Negative),真实值为 1,预测值也为 1。混淆矩阵也是频数表,设 $a=$ TP,$b=$ FN,$c=$ FP,$d=$ TN,则计算精确率 Precision、召回率 Recall、准确率 Accuracy、F1-Score 公式如式(7-1)～式(7-4)所示。

图 7-1　常见的模型性能评估指标

Confusion Matrix		Predict	
		T	F
Real	T	a	b
	F	c	d

图 7-2 经典二分类问题的混淆矩阵

$$Precision = \frac{a}{a+c} \qquad (7\text{-}1)$$

$$Recall = \frac{a}{a+b} \qquad (7\text{-}2)$$

$$Accuracy = \frac{a+d}{a+b+c+d} \qquad (7\text{-}3)$$

$$F1\text{-}Score = \frac{2 * Precision * Recall}{Precision + Recall} \qquad (7\text{-}4)$$

准确率是最常见且直观的评价指标,采用分类正确的样本数除以所有的样本数得到。通常来说,准确率越高,分类器就越好。但在正负样本不平衡的情况下,采用准确率评价指标有很大的缺陷。因此,单纯靠准确率评价一个算法模型不够科学全面,还需要结合其他指标综合评价。精确率 P 表示被分为正例的示例中实际为正例的比例,召回率 R 表示所有正例中被分对的比例,衡量分类器对正例的识别能力。P 和 R 指标有时候会出现矛盾,需要综合考虑,最常见的方法是 F1-Score,综合了 P 和 R 的结果,当 F1 较高时说明方法比较有效。

模型的 ROC 图(受试者工作特征曲线)又被称为敏感曲线,最初作为一种分析方法在第二次世界大战时用于评价雷达性能(鉴别敌方、友方以及噪声等),目前广泛应用于医学诊断、生物信息学、数据挖掘和机器学习等研究中,是非常重要和常见的统计分析方法。此外,风险图、精确度与敏感度图、增益图等也常被使用。ROC 是以假正率(FP_rate,x)和真正率(TP_rate,y)为轴的曲线,ROC 曲线下面的面积称为 AUC,即曲线与 FP_rate 轴围成的面积,AUC 越大说明性能越好。虽然 ROC 曲线相比较于 Precision 和 Recall 等指标更加合理,但在不平衡数据条件下,不能很好地反映实际情况。PR(Precision-Recall)曲线,在正样本较少、极度不平衡的数据情况下,比 ROC 曲线更实用。

另外,对于模型回归效果的评价常用一些传统指标,如平均绝对误差、均方误差和均值等,它们计算简单、容易理解。绝对误差=原值-估计值,相对误差=(原值-估计值)/原值。平均绝对误差(Mean Absolute Error,MAE)是误差分析的综合指标法之一,即平均绝对误差=|原值-估计值|/n。由于预测误差有正有负,为了避免正负相抵消,因此,取误差的绝对值进行综合并取其平均数。均方误差(Mean Squared Error,MSE)也是误差分析的综合指标法之一,是预测误差平方之和的平均数,它避免了正负误差不能相加的问题。由于对误差进行了平方,加强了数值大的误差在指标中的作用,因此提高了这个指标的灵敏性。均方根误差(Root Mean Squared Error,RMSE)也叫标准误差,是均方误差的平方根,代表了预测值的离散程度,也是误差分析的综合指标法之一。

一般来说,在对模型评价时应采用多种评价指标和方法综合进行。在 R 语言中,使用 table()函数建立混淆矩阵,然后通过公式计算或使用第三方包中的函数等方法得到评估指标的结果。

◈ 7.2 分类与回归

7.2.1 决策树

决策树(Decision Tree)是一种十分常用的分类方法,也是一种监督学习方法。其给定的样本都有一组属性和一个类别,类别是事先确定的,通过学习这些样本得到一个分类器,能够对新出现的样本进行正确的分类。决策树是在已知各种情况发生概率的基础上,通过构成决策树来判断可行性的决策分析方法。由于这种决策分支画成图形很像一棵树的枝干,故称决策树。它的每个内部节点表示一个属性,每个分支代表属性的输出,每个叶子节点代表一种类别。

在机器学习中,决策树是一个预测模型,代表样本属性与样本分类之间的一种映射关系。通过计算熵(Entropy)和信息增益来生成树的节点。在热力学中,熵表示分子运动的杂乱程度,越大越杂乱;在信息科学中,熵表示信息的多少,熵越大,信息量就越大;在决策树中,熵表示数据的纯度,0 表示完全纯,熵越大表示越不纯。决策树的目的是使一个不纯的数据集逐渐变纯,从而达到概率较高的分类。

决策树易于理解,且执行速度快,能够很好地表现多个特征之间的相互作用。在 R 语言中,可使用 party 包中的 ctree()、rpart 包中的 rpart()、tree 包的 tree()等函数创建决策树。

7.2.2 随机森林

随机森林是一种有监督学习方法,它通过对样本进行随机抽样生成多个决策树模型,然后将各模型结果汇总,从结果的众数中得到最终结果,这样准确率较高。因为每棵树的样本是随机的,又因为基于多个决策树,所以形象地称为随机森林。

假设训练集中共有 N 个样本单元,M 个变量,随机森林算法的工作流程为:①从训练集中随机抽取 N 个样本单元,生成大量决策树;②在每一个节点随机抽取 m(m<M)个变量,将其作为分割该节点的候选变量;③完整生成所有决策树;④对于新的观测点,用所有的决策树对其进行分类,其类别由多数决定原则生成。

在 R 语言中,randomForest 包中的 randomForest()函数可用于生成随机森林。

7.2.3 KNN

KNN(K-Nearest Neighbor)意为 K 个最近的邻居,是简单成熟的分类算法,它通过测量不同特征值之间的距离来进行分类,而且不但能用于分类,也能用于回归。KNN 的基本思想是:如果一个样本在特征空间中的 k(通常是不大于 20 的整数)个最相似(即特征空间中最邻近)的样本中的大多数属于某一个类别,则该样本也属于这个类别。算法的工作流程为:①首先通过一个样本数据集合(也称作训练样本集,并且样本集中每个样本存在标签,即每一个样本与所属分类具有对应关系)建立特征空间;②当输入新样本后,对每个特征与特征空间进行对应,然后提取特征最相近的样本(最近邻)的分类标签;③选择前 k 个最相似的样本,将出现次数最多的类别作为新样本的分类。

　　在 R 语言中,KNN 算法的实现方式有三种:①通过 class 包中的 knn()函数实现;②通过 kknn 包中的 kknn()函数来实现;③通过 caret 包中的 train()函数来实现。

7.2.4　朴素贝叶斯

　　朴素贝叶斯(Naïve Bayes)是一种简单快速的分类算法,它以贝叶斯原理为基础,使用概率统计的知识对数据集进行分类。贝叶斯方法的特点是结合先验概率和后验概率,既避免了只使用先验概率的主观偏见,也避免了单独使用样本信息的过拟合现象。贝叶斯分类算法在高维度(特征较多)数据集的情况下表现优异,同时算法本身也比较简单。朴素贝叶斯方法是在贝叶斯算法的基础上进行了相应的简化,"朴素"的含义是假定各个特征相互独立。算法思路是对于给出的待分类项,求解在此项出现的条件下各个类别出现的概率,即确定一个具有某些属性特征的样本属于某类标签 L 的概率,通常记为 P(L|特征),计算公式为:P(L)特征＝P(特征|L) * P(L)/P(特征)。朴素贝叶斯方法常用于垃圾邮件的识别、计算机网络中入侵检测或者异常检测等。

　　在 R 语言中,朴素贝叶斯分类算法有两种实现方式:程序包 e1071 中的 naiveBayes()函数和程序包 klaR 中的 NaiveBayes()函数。

7.2.5　支持向量机

　　支持向量机(Support Vector Machine,SVM)是一种分类算法,属于监督学习方法,应用领域广泛,包括人像识别、文本分类、手写字符识别、生物信息学等。SVM 以线性二分类器为基础。简单来讲,在二维空间上,两类点能够被一条直线完全分开,在多维特征空间中,通过超平面将不同类别的样本分隔开,直观地展示样本属于 A 还是属于 B。在由样本点构成的特征空间内,SVM 通过找到一个可以将两类数据正确分隔在两侧的超平面,达到对数据分类及预测的效果。这个分类超平面正是 SVM 分类器,支持向量(Support vector)就是离分类超平面(Hyper plane)最近的样本点。如果样本数据是非线性的情况,SVM 通过选择一个核函数,将低维非线性数据映射到高维空间中,让数据在高维空间中变成线性可分,从而构造出最优分类超平面。例如,原始样本在二维空间里无法线性分割,经过核函数映射到三维空间中,可构造出分类超平面进行二类划分。核函数是计算两个向量在隐式映射后空间中的内积函数。利用核函数有利于避开直接在高维空间中的计算,简化问题求解。最优的分类超平面依据的是间隔最大化原则,即分类超平面跟两类数据的间隔要尽可能大(即远离两边数据),要位于两类数据的正中间,不偏向任何一类。对于给定的训练样本,首先要找到距离分类超平面最近的点(支持向量),再通过最大化这些点之间的间隔求解。

　　在 R 语言中,支持向量机的包主要有 e1071 包、klaR 包和 svm()等函数。

7.2.6　人工神经网络

人工神经网络（Artificial Neural Networks，ANNs）是模仿人脑神经系统活动的一种算法。神经网络是一种运算模型，由大量的节点（或称神经元）相互连接构成。每个节点代表一种特定的输出函数，称为激励函数。每两个节点间的连接代表一个对于通过该连接信号的加权值，称为权重，反映了节点之间连接的强度。网络的输出则依网络的连接方式、权重值和激励函数的不同而不同。

人工神经网络按其模型结构可分为前馈型网络和反馈型网络；按照学习方式可分为有监督学习、非监督学习和半监督学习；按照工作方式可分为确定性和随机性两类；按照时间特性还可分为连续型或离散型两类。不论何种类型的人工神经网络，它们的优势都是具有很快的运算速度，很强的适应性、容错能力和自组织能力。这些特点和能力构成了人工神经网络模拟智能活动的技术基础，并在广阔的领域获得了重要的应用。

R 语言中有许多用于神经网络的包，例如 nnet 包、AMORE 包、neuralnet 包、RSNNS 包等。

◆ 7.3　聚类分析

聚类是将数据分类到不同簇的过程，同一个簇中的对象有很大的相似性，而不同簇间的对象有很大的相异性。聚类与分类不同，它是无监督学习过程，即不依赖预先定义的类或带类标记的训练实例，而是需要由聚类学习算法自动确定标记。因此，聚类是观察式学习，而不是示例式学习。

从统计学的观点看，聚类分析是通过数据建模简化数据的一种方法，目标就是在相似的基础上收集数据进行分类。聚类分析是一种探索性的分析，在分类的过程中，人们不必事先给出一个分类的标准，聚类分析能够从样本数据出发，自动进行分类。根据聚类分析所使用方法的不同，常常会得到不同的结论。也就是说，不同研究者对于同一组数据进行聚类分析，所得到的聚类数未必一致。传统的聚类分析方法包括 k-均值、k-中心点、系统聚类法、分解法、加入法、动态聚类法等。

关于聚类分析，R 语言主要有 4 个软件包：stats、cluster、fpc 和 mclust 包，在这些包中可以使用相关聚类函数。

7.3.1　K 均值聚类

K 均值聚类算法（K-Means Clustering Algorithm）是一种迭代求解的聚类分析算法。其工作流程为：预先将数据分为 K 组，随机选取 K 个样本作为初始的聚类中心，然后计算每个样本与各聚类中心之间的距离，并据此将样本分配给距离它最近的聚类中心。每分配一个样本，聚类中心会根据聚类中新的样本被重新计算，这个过程将不断重复，直到满足某个终止条件，例如没有（或最小数目）样本被重新分配给不同的聚类、没有（或最小数目）聚类中心再发生变化、满足误差平方和局部最小等条件。K-Means 是无监督的算法，实现起来比较简单，聚类效果好，应用广泛。

7.3.2　主成分分析

主成分分析(Principal Component Analysis,PCA)是把各变量之间互相关联的复杂关系进行简化分析的方法,它是一种通过降维技术把多个变量化为少数几个主成分(即综合变量)的统计分析方法。这些主成分能够反映原始变量的绝大部分信息。模型主要应用于对原数据进行降维,对原数据进行整合和解释,以及为后续其他模型的分析提供便利等。

PCA 的工作原理:运用线性代数知识,对原变量进行线性组合(对原坐标系进行旋转变换等),进而构成新的坐标系,使得新数据在空间中的点更接近一部分坐标轴(点在轴方向的投影更为分散),而远离另一部分坐标轴,从而使得数据在新变量上分布的相关性尽量小,并反应在新变量对原数据解释的贡献程度上。新变量称为主成分,其方差在全部方差中所占比重(贡献率)不同,第一主成分的方差最大,因此贡献率最大,第二主成分次之,以此类推。

R 语言中,PCA 的主要函数有 pysch 包中的 princomp()函数、碎石图 screeplot()函数、biplot()函数等。

◆ 7.4　可视化挖掘工具

Rattle 是一个免费的开源数据挖掘工具包,用于快速处理常见的数据挖掘问题,在数据输入、预处理、模型使用、评价等各阶段都有相应的方法,通过交互式图形化界面进行操作,可以省去大量编写脚本的时间。它可以在多种操作系统下运行,应用广泛。

◆ 7.5　综合实验

7.5.1　实验 1:决策树

1. 实验目的

理解算法与模型的概念和原理;熟练掌握 R 语言常用的相关函数。

2. 实验内容

使用决策树方法以及数据集 readingSkills,筛选出母语为英语的人。

3. 实验步骤

(1) 了解数据集。

数据集 readingSkills 的属性包括得分(score)、鞋码(shoeSize)、年龄(age),被用来预测母语是否为英语,是(nativeSpeaker=1),否(nativeSpeaker=0)。图 7-3 为 readingSkills 数据集示例图。

```
> print(head(readingSkills))
  nativeSpeaker age shoeSize    score
1          yes   5 24.83189 32.29385
2          yes   6 25.95238 36.63105
3           no  11 30.42170 49.60593
4          yes   7 28.66450 40.28456
5          yes  11 31.88207 55.46085
6          yes  10 30.07843 52.83124
```

图 7-3　readingSkills 数据集示例图

（2）决策树分析。

① 首先安装和载入包。

需要安装和载入两个包，一个是 party 包，另一个是绘制决策树图需要用到的 rpart.plot 包。

```
> install.packages("party")          #安装 party 包,若已安装,可忽略
> install.packages("rpart.plot")     #安装 rpart.plot 包,若已安装,可忽略
> library(party)
> library(rpart.plot)
```

② 连接 readingSkills 数据集。

```
#readingSkills
> data("readingSkills")
> attach(readingSkills)
> summary(readingSkills)
```

③ 抽取样本，构建训练集和测试集。

数据集 readingSkills 包括 1~150 个样本，s 是从 readingSkills 数据集中抽取的 120 个样本，replace＝F 的意思是不能抽取第二遍。训练集就是抽取出来的 s，测试集是总样本中除 s 外剩余的 30 个样本。

```
#data split
> s = sample(c(1:150), 120, replace = F)
> trainset = readingSkills[s, ]
> testset = readingSkills[-s, ]
```

④ 构造决策树。

要预测母语是否为英语，属性选取 nativeSpeaker，数据选取训练集。同样，可以用 summary 查看 fit1。

```
#train
> fit1 = rpart(nativeSpeaker ~ ., data = trainset)
> summary(fit1)
```

⑤ 利用之前载入的 rpart.plot() 绘制决策树图。

```
> rpart.plot(fit1)
```

绘制结果如图 7-4 所示。

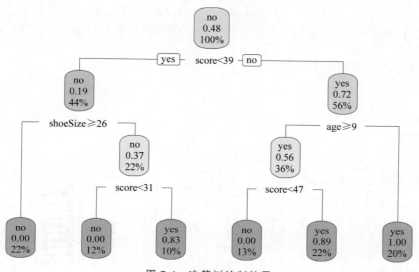

图 7-4　决策树绘制结果

从决策树图可以得出，得分大于或等于 39 且年龄小于 9 岁的人英语是母语。

7.5.2　实验 2：随机森林

1. 实验目的

理解算法与模型的概念和原理；熟练掌握 R 语言常用的相关函数。

2. 实验内容

使用随机森林方法，基于乳腺癌数据集，实现对肿瘤的分类和预测。

3. 实验步骤

（1）数据集的获取。

威斯康星州乳腺癌数据集中包含 699 个细针抽吸活检的样本单元，其中 458 个为良性样本单元，241 个为恶性样本单元。数据集中含有 11 个变量。对每一个样本，除去 ID 外的 9 个变量是与判别恶性肿瘤相关的细胞特征，且任一变量都不能单独作为判别良性或恶性肿瘤的标准。

```
> install.packages("randomForest")    #安装 randomForest 包,若已安装,可忽略
> install.packages("skimr")           #安装 skimr 包,若已安装,可忽略
> library(randomForest)               #加载 randomForest 包
```

```
> library(skimr)
> loc <- "http://archive.ics.uci.edu/ml/machine-learning-databases/"
> ds <- "breast-cancer-wisconsin/breast-cancer-wisconsin.data"
> url <- paste(loc,ds,sep="")
> breast <- read.table(url, sep = ",", header = FALSE,
                       na.strings = "? ")   #获得目标数据集
> skim(breast)                              #查看数据集总体情况
```

数据集总体情况如图 7-5 所示。

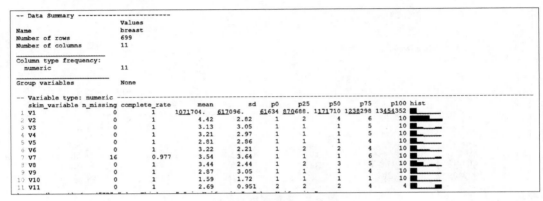

图 7-5　数据集总体情况

（2）数据处理。

```
> names(breast) <- c("ID", "clumpThickness", "sizeUniformity", "shapeUniformity",
                     "maginalAdhesion", "singleEpithelialcellsize", "bareNuclei",
                     "blandChromatin", "normalNucleoli", "mitosis","class")
> df <- breast[-1]                          #去除 ID 变量
> df$class <- factor(df$class, levels = c(2, 4), labels = c("benign",
"malignant"))
> set.seed(42)                              #设置随机数种子
> train <- sample(nrow(df), 0.7 * nrow(df)) #随机分配训练集和验证集,训练集占总
                                             数 70%
> df.train <- df[train, ]                   #设置训练集
> df.validate <- df[-train, ]               #设置验证集
> table(df.train$class)
  benign malignant
     312       177
> table(df.validate$class)
  benign malignant
     146        64
```

（3）建立随机森林模型。

利用随机森林建模的目的是找到 9 个细胞特征的某种组合,从而实现对恶性肿瘤的

准确预测。

```
> set.seed(1234)                    #设置随机数种子
> fit.forest <- randomForest(class~., data = df.train, na.action =
                          na.roughfix, importance = TRUE)
                      #选择因变量、数据集、缺失值处理方法,默认生成 500 棵树
> fit.forest

Call:
 randomForest(formula = class ~ ., data = df.train, importance = TRUE,
na.action = na.roughfix)
                Type of random forest: classification
                     Number of trees: 500
No. of variables tried at each split: 3

        OOB estimate of  error rate: 2.86%
Confusion matrix:
            benign  malignant  class.error
  benign      305          7   0.02243590
malignant       7        170   0.03954802

> importance(fit.forest, type = 2)        #得到变量重要性
                          MeanDecreaseGini
clumpThickness                    8.284221
sizeUniformity                   62.185071
shapeUniformity                  50.893001
maginalAdhesion                   5.440108
singleEpithelialcellsize         10.869145
bareNuclei                       44.894695
blandChromatin                   25.630246
normalNucleoli                   15.088174
mitosis                           1.662353
```

（4）对验证集中的样本进行分类。

```
> forest.pred <- predict(fit.forest, df.validate)     #对验证集分类
> forest.perf <- table(df.validate$class, forest.pred, dnn = c("Actual",
"Predicted"))
> forest.perf
          Predicted
Actual     benign  malignant
  benign      136          6
  malignant     6         57
```

本案例中,sizeUniformity 是最重要的变量,mitosis 是最不重要的变量。最后,通过随机森林算法对验证集中的样本单元进行分类,得到了较高的预测准确率。

7.5.3　实验 3:KNN

1. 实验目的

理解算法与模型的概念和原理;熟练掌握 R 语言常用的相关函数。

2. 实验内容

使用 KNN 方法以及鸢尾花数据集,实现花的分类。

3. 实验步骤

(1) 了解数据集。

鸢尾花数据集是 R 语言中常用的实验数据集,数据集包含 150 个数据样本,分为 3 类花卉,每类 50 个数据,每个样本包含花卉的 4 个属性:花萼长度、花萼宽度、花瓣长度和花瓣宽度。可使用 View()函数查看鸢尾花数据集。鸢尾花数据集的部分示例如图 7-6 所示。

	Sepal.Length	Sepal.Width	Petal.Length	Petal.Width	Species
1	5.1	3.5	1.4	0.2	setosa
2	4.9	3.0	1.4	0.2	setosa
3	4.7	3.2	1.3	0.2	setosa
4	4.6	3.1	1.5	0.2	setosa
5	5.0	3.6	1.4	0.2	setosa
6	5.4	3.9	1.7	0.4	setosa
7	4.6	3.4	1.4	0.3	setosa
8	5.0	3.4	1.5	0.2	setosa
9	4.4	2.9	1.4	0.2	setosa

图 7-6　鸢尾花数据集的部分示例

(2) 数据集分为训练集和测试集。

```
#查看 iris 数据集(Species 是分类)
> View(iris)

#划分 training set 和 testing set
> train = sample(1:nrow(iris), nrow(iris) * 3/4)
> train_set = iris[train, ]
> test_set = iris[-(train), ]
```

(3) 使用 KNN 算法进行分类。

```
#KNN
#validation test
```

```
> set.seed(3)                              #随机种子
> validation = sample(1:nrow(train_set), nrow(train_set) * 1/4)
> validation_set = train_set[validation, ]
> trainvalidation_set = train_set[-(validation), ]

> library(class)
> mis_class_error_rate = {}
> i = 0
> while(i <= 20){
+    i = i+1
+    knn.prediction = knn(trainvalidation_set[, -5], validation_set[, -5],
                       trainvalidation_set[, 5], k = i)
+    mis_class_error_rate = c(mis_class_error_rate, mean(validation_set
                                $Species != knn.prediction))
+ }
> plot(mis_class_error_rate, ylab = "miss classification error rate", xlab =
       "K_th", pch = 16, col = "red", type = "o")
> which(mis_class_error_rate == min(mis_class_error_rate))
[1]2
> min(mis_class_error_rate)
[1]0.02631579
```

由图 7-7 可知，K＝2 时，miss classification error rate 是最小的，所以 K＝2 是最好的。

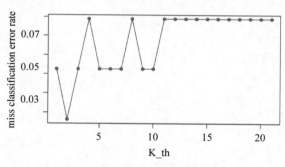

图 7-7　KNN 算法的错误分类率

7.5.4　实验 4：朴素贝叶斯

1. 实验目的

理解算法与模型的概念和原理；熟练掌握 R 语言常用的相关函数。

2. 实验内容

使用朴素贝叶斯方法，基于鸢尾花数据集，实现花的分类。

3. 实验步骤

（1）安装和载入包。

```
> install.packages("e1071")                    #下载包
> library(e1071)                               #加载包
```

（2）构建分类器，生成混淆矩阵，并查看先验概率以及各特征变量与鸢尾花品种的条件概率。

```
> classifier = naiveBayes(iris[, 1:4], iris[, 5])        #构建分类器
> table(predict(classifier, iris[, -5]), iris[, 5])      #生成混淆矩阵


            setosa  versicolor  virginica
  setosa       50          0          0
  versicolor    0         47          3
  virginica     0          3         47
> classifier                        #查看先验概率以及各特征变量与鸢尾花品种的条件概率


Naive Bayes Classifier for Discrete Predictors

Call:
naiveBayes.default(x = iris[, 1:4], y = iris[, 5])

A-priori probabilities:
iris[, 5]
    setosa versicolor   virginica
 0.3333333  0.3333333   0.3333333

Conditional probabilities:
          Sepal.Length
iris[, 5]      [,1]        [,2]
  setosa       5.006   0.3524897
  versicolor   5.936   0.5161711
  virginica    6.588   0.6358796

          Sepal.Width
iris[, 5]      [,1]        [,2]
  setosa       3.428   0.3790644
  versicolor   2.770   0.3137983
  virginica    2.974   0.3224966

          Petal.Length
```

```
iris[, 5]        [,1]         [,2]
  setosa        1.462    0.1736640
  versicolor    4.260    0.4699110
  virginica     5.552    0.5518947


              Petal.Width
iris[, 5]       [,1]         [,2]
  setosa        0.246    0.1053856
  versicolor    1.326    0.1977527
  virginica     2.026    0.2746501
```

（3）使用朴素贝叶斯进行分类。

```
> set.seed(2019)                              #设定随机种子
> index = sample(x = 2, size = nrow(iris), replace = TRUE, prob = c(0.8, 0.2))
                                              #按照80%和20%比例划分训练集和测试集
> iris.Train = iris[index == 1, ]            #训练集
> iris.Test = iris[index == 2, ]             #测试集
> dim(iris.Train)                             #查看训练集的大小(行和列)
[1] 121   5
> dim(iris.Test)                              #查看测试集的大小
[1] 29  5
> class1 = naiveBayes(iris.Train[, 1:4], iris.Train[, 5])    #分类器
> table(predict(class1,iris.Test[, -5]), iris.Test[, 5])    #测试集预测效果

              setosa    versicolor    virginica
  setosa         8           0            0
  versicolor     0          11            0
  virginica      0           0           10
```

　　虽然在本案例中分类准确率为 100%，但朴素贝叶斯分类在实际应用中常常达不到这个水准。案例准确度高是因为样本数值特征相对较少，在实际处理一些七八个特征的样本时，准确度一般在 90% 左右。

7.5.5　实验 5：支持向量机

1. 实验目的

理解算法与模型的概念和原理；熟练掌握 R 语言常用的相关函数。

2. 实验内容

使用支持向量机 SVM 方法，基于鸢尾花数据集，实现花的分类和预测。

3. 实验步骤

（1）查看数据集，绘制图形。

```
> data("iris")                                          #导入 iris 数据集
> head(iris)                                            #查看 iris 数据集的前六行
  Sepal.Length Sepal.Width Petal.Length Petal.Width Species
1       5.1         3.5         1.4         0.2     setosa
2       4.9         3.0         1.4         0.2     setosa
3       4.7         3.2         1.3         0.2     setosa
4       4.6         3.1         1.5         0.2     setosa
5       5.0         3.6         1.4         0.2     setosa
6       5.4         3.9         1.7         0.4     setosa
> str(iris)                                             #查看 iris 数据集的内容
'data.frame':  150 obs. of  5 variables:
 $ Sepal.Length: num  5.1 4.9 4.7 4.6 5 5.4 4.6 5 4.4 4.9 ...
 $ Sepal.Width : num  3.5 3 3.2 3.1 3.6 3.9 3.4 3.4 2.9 3.1 ...
 $ Petal.Length: num  1.4 1.4 1.3 1.5 1.4 1.7 1.4 1.5 1.4 1.5 ...
 $ Petal.Width : num  0.2 0.2 0.2 0.2 0.2 0.4 0.3 0.2 0.2 0.1 ...
 $ Species      : Factor w/ 3 levels "setosa","versicolor",..: 1 1 1 1 1 1 1 1 1 1 ...
#可以看到共有三种类型的花,以此为基础来进行分析
> install.packages("ggplot2")                           #下载包,若已经下载,可忽略
> library(ggplot2)                                      #载入 ggplot2 包
> qplot(Petal.Length, Petal.Width, data = iris, color = Species)
#调用 qplot 函数,利用 iris 数据集绘制散点图
#其中 Petal.Length 为 x 轴,Petal.Width 为 y 轴,颜色代表花的种类
#红色部分与其他两部分分得很清楚,绿色和蓝色部分有重合,需要进一步进行分类
```

鸢尾花数据集散点图图形绘制结果如图 7-8 所示。

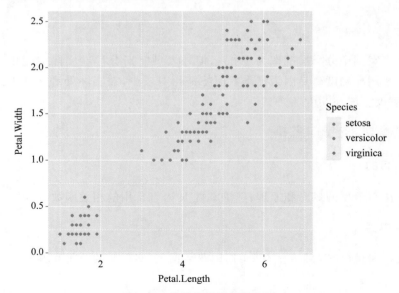

图 7-8 鸢尾花数据集散点图

（2）使用 SVM 算法建立模型，分类并预测。

```
> library(e1071)                          #载入"e1071"包
> model <- svm(Species~., data = iris)    #利用 iris 数据集和 SVM 函数建立模型
> summary(model)

Call:
svm(formula=Species~., data=iris)    Parameters:
SVM-Type: C-classification           #SVM-分类机：C-classification,共五
#种:C-classification, nu-classification, one-classification(for novelty
#detection), eps-regression, nu-regression。这里选用 C-classification

SVM-Kernel: radial                   #SVM-核函数：radial,分为四类,即线性核
#函数(linear)、多项式核函数(polynomial)、径向基核函数(radialbasis,RBF)和神经网
#络核函数(sigmoid)

cost: 1                              #cost:1。C 分类中惩罚项 c 的取值

Number of Support Vectors: 51        #支持向量的数量是 51
  (8   22   21)
Number of classes: 3                 #数据共分成 3 类,分别是以下 3 种
Levels:
  setosa versicolor virginica

> plot(model, data = iris,
+     Petal.Width~Petal.Length,
+     slice = list(Sepal.Width = 3, Sepal.Length = 4))
                                     #进行模型可视化。共有四个变量,设置
#Sepal.Width 和 Sepal.Length 为定值,探究 Petal.Width 和 Petal.Length 的关系。每
#种颜色代表一个物种类别(setosa/versicolor/virginica)
```

模型可视化结果如图 7-9 所示。

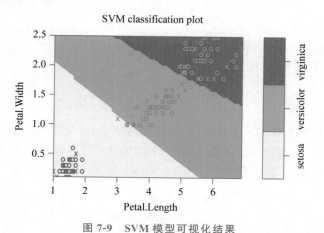

图 7-9　SVM 模型可视化结果

```
> pred <- predict(model, iris)     #利用 predict 函数算出预测值
> tab <- table(Predicted = pred, Actual = iris$Species)
> tab                            #将预测值 pred 和实际的物种分类做表格,来分析模型预测能力
              Actual
Predicteds    etosa   versicolor   virginica
   setosa      50          0           0
   versicolor   0         48           2
   virginica    0          2          48
```

本案例中,每个种类共 50 个样本,setosa 全部预测正确。versicolor 有 48 个样本预测正确,有两个样本预测成了 virginica。virginica 有 48 个样本预测正确,有两个样本预测成了 versicolor。由此可以证明此模型在进行分类数据时正确率较高,较为有效。

7.5.6 实验 6:人工神经网络

1. 实验目的

理解算法与模型的概念和原理;熟练掌握 R 语言常用的相关函数。

2. 实验内容

使用人工神经网络以及鸢尾花数据集,实现花的分类和预测。

3. 实验步骤

(1) 数据集分为训练集和测试集。
使用 iris 数据集,将数据分为两部分,增加三列,判断各自的类型。

```
> data("iris")
> set.seed(2)
#70%为训练集,30%为测试集
> ind = sample(2, nrow(iris), replace = TRUE, prob = c(0.7, 0.3))
> trainset = iris[ind == 1, ]
> testset = iris[ind == 2, ]
#根据数据集在 species 列取值不同,为训练集新增三种数列
> trainset$setosa = trainset$Species == "setosa"
> trainset$virginica = trainset$Species == "virginica"
> trainset$versicolor = trainset$Species == "versicolor"
```

(2) 使用人工神经网络算法建立模型,绘制网络图,分类并预测。
训练模型,每层隐藏神经元个数为 3,整个训练执行了 8331 步,结束条件为误差函数的绝对偏导数小于 0.01,误差值的计算采用 AIC 准则。

```
> library(neuralnet)
#使用 neuralnet() 函数创建一个包括 3 个隐藏层的神经网络
```

```
> network = neuralnet(versicolor + virginica + setosa ~ Sepal.Length + Sepal.
Width + Petal.Length + Petal.Width, trainset, hidden = 3)
> plot(network)
```

　　由 4 个变量(Sepal.Length、Sepal.Width、Petal.Length、Petal.Width)组合得到 12 个泛化权值,分别对应 3 个类别(versicolor、virginica、setosa)。绘制神经网络模型的结构图,包括预测的权值、截距与训练过程等基本信息。人工神经网络模型结构图如图 7-10 所示。

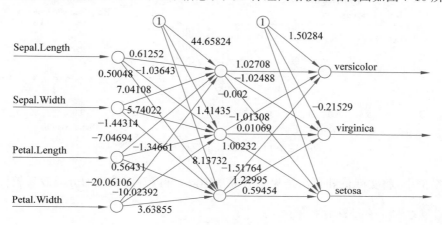

Error:0.925074 Steps:8331

图 7-10　人工神经网络模型结构图

```
#使用 gwplot()函数绘制每个属性的泛化权值
> par(mfrow=c(2, 2))
> gwplot(network, selected.covariate = "Petal.Width")
> gwplot(network, selected.covariate = "Petal.Length")
> gwplot(network, selected.covariate = "Sepal.Length")
> gwplot(network, selected.covariate = "Sepal.Width")
```

　　在泛化权值图中,如果泛化值都接近于 0,则说明协变量对分类影响不大,然而总体方差大于 1,意味着变量对结果存在非线性影响。每个属性的泛化权重图如图 7-11 所示。

```
> net.predict <- compute(network, testset[-5])$net.result
> net.prediction <- c("versicolor", "virginica", "setosa")[apply(net.
predict, 1, which.max)]
> predict.table <- table(testset$Species, net.prediction)
> predict.table
            net.prediction
             setosa  versicolor  virginica
setosa         17         0          0
versicolor      0        14          0
virginica       0         1         14
```

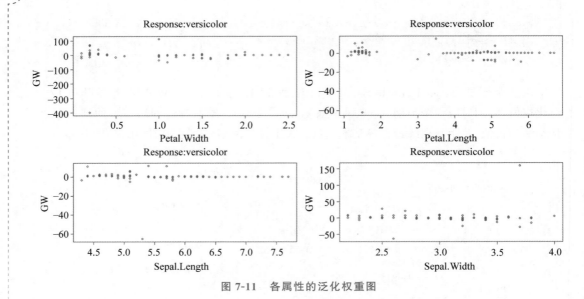

图 7-11 各属性的泛化权重图

本案例中,将实际值和预测结果生成混淆矩阵,可以看出模型的分类效果较好。

7.5.7 实验 7:K-Means 聚类

1. 实验目的

理解算法与模型的概念和原理;熟练掌握 R 语言常用的相关函数。

2. 实验内容

使用 K-Means 聚类算法以及 Loblolly 数据集,实现聚类。

3. 实验步骤

(1) 数据集。

Loblolly 数据集包括火炬树的高度、年龄、种源等信息,基于此数据集进行聚类分析。

(2) 使用 K-Means 聚类算法。

```
> library(stats)                                     #安装软件包
> library(ggplot2)                                   #安装数据可视化软件包
> Data = Loblolly[, 1:2]                             #导入 Loblolly 数据
> km = kmeans(Data, centers = 14)                    #对数据进行聚类,设置 k=14
> print(km)                                          #显示聚类结果
> Data.camp = data.frame(Loblolly, km$cluster)       #将聚类结果存入数据框
> Data_confusion = table(actual = Data.camp$Seed, clustered = Data.camp$km.
cluster)                            #建立联表统计不同种源在不同聚类类别中出现的频数
> print(Data_confusion)                              #显示频数统计结果
> ggplot(Data.camp, aes(Seed, km$cluster)) + geom_count()
```

```
#画出不同种源出现在每个聚类类别的点计数图
#按不同颜色画出聚类后的图像
> plot(Data$height, Data$age, col = km$cluster, pch = " * ")
> points(km$centers, pch = "X", cex = 1.5,col = 4)   #将聚类中心点用 X 标出
```

在数据集中有 14 个种源,初识将 k 值定为 14 进行聚类。根据图 7-12 可以看出,k＝14 的分类效果不是很理想,许多类别太过接近,因此可以考虑减小 k 值重新进行聚类。

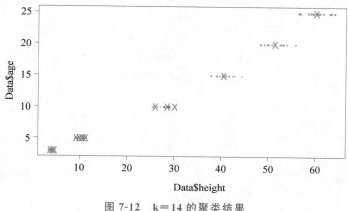

图 7-12　k＝14 的聚类结果

从图 7-12 中大致可以看出 k 应取 6 左右。将 k 值改为 6 后,聚类结果如图 7-13 所示。

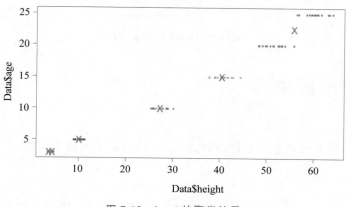

图 7-13　k＝6 的聚类结果

由图 7-13 可以看出聚类的结果有了明显改善,但右上角和左下角的分类结果应该还有改进空间。将 k 值分别取 5 和 7 继续聚类,k＝5 的聚类结果如图 7-14 所示,k＝7 的聚类结果如图 7-15 所示。

如图 7-14 和图 7-15 所示,两种 k 值分别改善了一端的分类情况,进行对比后认为在 k＝7 时左下角两类差别过小不应分开,而 k＝5 时右上角两组数据在纵轴上距离较近,可以算作一类。因此,在 k＝5 时对 Loblolly 数据集种源分类效果较好。

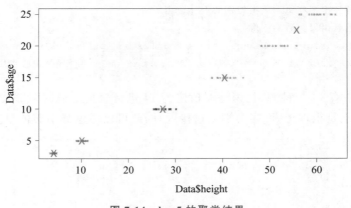

图 7-14　k＝5 的聚类结果

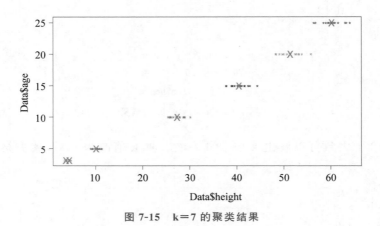

图 7-15　k＝7 的聚类结果

7.5.8　实验 8：主成分分析

1. 实验目的

理解算法与模型的概念和原理；熟练掌握 R 语言常用的相关函数。

2. 实验内容

使用主成分分析方法，使用"MASS"包中 psych 数据集，实现降维处理，方便后续其他模型的分析。

3. 实验步骤

（1）数据集。

biopsy 数据集包含 699 个乳腺癌患者的组织样本数据，共 11 个变量。第一列为患者 ID，最后一列为逻辑数据。缺失数据不能进行主成分分析，故删除。

```
> install.packages("psych")
> install.packages("MASS")
> library(psych)
> library(MASS)
> m=biopsy                          #用 MASS 包里的 biopsy 数据集进行本次分析
> m=m[, c(-1, -11)]
> m=na.omit(m)                      #删掉缺失数据
```

（2）使用 PCA 方法进行降维。

首先，对数据集进行检验，判断是否适合进行主成分分析，这里提供两种检验方法。

```
#bartlett 球形检验
> cortest.bartlett(m)               #p-value 小于 0.05 即可
R was not square, finding R from data
$chisq
[1] 4768.487
$p.value
[1] 0
$df
[1] 36


#KMO 检验方法
> KMO(m)                            #KMO 值大于 0.7 最好，但不完美，小于 0.5 不能进行
Kaiser-Meyer-Olkin factor adequacy
Call: KMO(r = m)
Overall MSA =  0.93
MSA for each item =
  V1   V2   V3   V4   V5   V6   V7   V8   V9
0.97 0.89 0.90 0.95 0.96 0.94 0.95 0.97 0.94
```

其次，检验通过后，进行主成分分析，R 语言基础包中已包含 PCA 处理的函数 princomp()，使用 summary() 函数导出主成分分析的载荷内容和各主成分的贡献率，最后使用 screeplot() 函数画出碎石图（如图 7-16 所示），使用 biplot() 函数画出原坐标及第一、第二主成分下的散点图（如图 7-17 所示）。

```
> m.pca = princomp(m, cor = T, scores = T)    #m 是原始数据，cor 表示从协方差或相
关系数矩阵出发计算主成分，score 是否计算每个主成分的得分
#结果中：standard deviation：标准差，proportion of variance：贡献率，cumulative
proportion：累计贡献率
> summary(m.pca, loadings = T)                #loading：主成分分析的载荷内容
Importance of components:
                   Comp.1    Comp.2    Comp.3    Comp.4    Comp.5
Comp.6
```

```
Standard deviation          2.4288885 0.88087847 0.73433796 0.67795830 0.61666509
0.54943284
Proportion of Variance      0.6554999 0.08621632 0.05991692 0.05106972 0.04225287
0.03354183
Cumulative Proportion       0.6554999 0.74171625 0.80163316 0.85270288 0.89495575
0.92849758
                            Comp.7       Comp.8       Comp.9
Standard deviation          0.54258890   0.51062301   0.297293154
Proportion of Variance      0.03271141   0.02897065   0.009820358
Cumulative Proportion       0.96120899   0.99017964   1.000000000

Loadings:
    Comp.1   Comp.2   Comp.3   Comp.4   Comp.5   Comp.6   Comp.7   Comp.8   Comp.9
V1  0.302    0.141    0.866    0.108             0.243             0.248
V2  0.381                     -0.204   -0.146    0.139    0.205   -0.436    0.733
V3  0.378                     -0.176   -0.108             0.127   -0.583   -0.667
V4  0.333            -0.413    0.493             0.655   -0.124    0.163
V5  0.336   -0.164           -0.427   -0.637             -0.211    0.459
V6  0.335    0.261            0.499   -0.125   -0.609   -0.403   -0.127
V7  0.346    0.228   -0.213            0.228   -0.299    0.700    0.384
V8  0.336            -0.134   -0.417    0.690            -0.460
V9  0.230   -0.906            0.259    0.105   -0.148    0.132
> screeplot(m.pca, type = "l")        #碎石图
> biplot(m.pca)                       #主成分的散点图
```

PCA碎石图

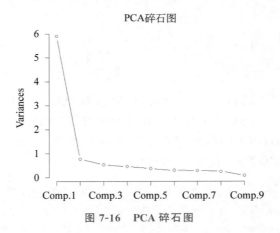

图 7-16　PCA 碎石图

　　根据数据分析的具体要求,考虑到对原数据解释程度和分析难度间的平衡,选取累计贡献率到 80% 的前三个主成分进行分析,舍弃其余贡献率较低的主成分,为后续使用其他模型进行数据处理提供便利。

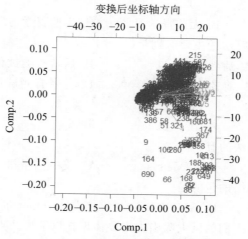

图 7-17　第一、第二主成分下的散点图

◇ 思考与练习

一、单选题

1. K-Means 算法是(　　　)。

　　A. 聚类算法　　　　　　　　　　B. 回归算法

　　C. 分类算法　　　　　　　　　　D. 主成分分析算法

2. 以下选项中,不属于 K-Means 算法局限性的是(　　　)。

　　A. 不能处理非球形的簇

　　B. 离群值可能造成较大干扰

　　C. 不能处理不同尺寸,不同密度的簇

　　D. 容易受到所选择的初始值的影响

3. 命令 iris.rp = rpart(Species~., data=iris, method="class")的作用是对鸢尾花数据集(　　　)。

　　A. 决策树判别模型　　　　　　　B. 朴素贝叶斯判别模型

　　C. 支持向量机判别模型　　　　　D. 人工神经网络判别模型

4. FN 表达的含义是(　　　)。

　　A. 表示正例样本经过正确分类之后被判为正例

　　B. 表示正例样本经过错误分类之后被判为反例

　　C. 表示反例样本经过正确分类之后被判为反例

　　D. 表示反例样本经过错误分类之后被判为正例

5. ROC 曲线又被称作(　　　)。

　　A. 成本曲线　　　　B. Lift 曲线　　　　C. 敏感曲线　　　　D. 特异性曲线

6. 机器学习可以分为（　　　）。

A. 监督学习　　　　　B. 无监督学习　　　　C. 半监督学习　　　　D. 以上选项都是

7. 分类算法和聚类算法的主要区别是（　　　）。

A. 前者有训练集，后者没有　　　　　　　　B. 后者有测试集，前者没有

C. 后者有训练集，前者没有　　　　　　　　D. 前者有测试集，后者没有

二、多选题

1. 以下属于聚类算法的有（　　　）。

A. KNN　　　　　　　B. K-Means　　　　　C. 支持向量机　　　　D. 动态聚类法

2. 以下属于神经网络的包的是（　　　）。

A. nnet 包　　　　　　B. AMORE 包　　　　C. neuralnet 包　　　　D. RSNNS 包

3. 神经网络模型对人们的巨大吸引力主要体现在以下哪几点？（　　　）

A. 神经网络模型并行分布处理

B. 神经网络模型高度鲁棒性和容错能力

C. 神经网络模型分布存储及学习能力

D. 神经网络模型能充分逼近复杂的线性关系

4. 人工神经网络模型现在有数十种之多，应用较多的典型的神经网络模型包括（　　　）。

A. BP 神经网络　　　B. Hopfield 网络　　　C. AMT 网络　　　　D. ART 网络

5. 基于混合矩阵可以定义以下哪些评价指标？（　　　）

A. 准确率（Accuracy）　　　　　　　　　　B. 精确率（Precision）

C. 召回率（Recall）　　　　　　　　　　　　D. 特异性（Specificity）

三、思考题

1. 简述监督学习与无监督学习的区别。

2. 简述随机森林模型的优缺点。

3. 简述 K-Means 算法的主要原理。

拓 展 篇

高 级 特 性

◆ 8.1 面向对象的编程

8.1.1 面向对象的含义

面向对象是一种对现实世界理解和抽象的方法,是计算机编程技术发展到一定阶段的产物。早期的计算机编程是基于面向过程的方法,随着计算机技术的不断提高,计算机被用于解决越来越复杂的问题,当代码复杂度增加到难以维护时,面向对象就显得非常重要。对象(Object)是指客观世界存在的任何事物,一切事物皆对象。面向对象程序中,对象由一组数据和施加于这些数据之上的操作封装而成,是一个可标识的存储区域。对象由以下部分构成:标识(对象的名称)、属性(数据,描述对象的状态)、方法(操作,对象的行为)。方法既可以是针对对象本身的操作,也可以是施加于其他对象的操作。类(Class)是具有相同属性和方法的一组对象的集合。类是对象的抽象,对象是类的实例,如图8-1所示。

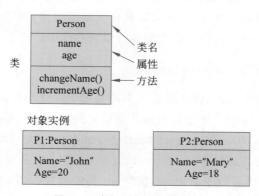

图 8-1 类与对象实例的关系

面向对象的编程(Object Oriented Programming,OOP)有三个特征:封装、继承、多态。通过面向对象的方法,可以把客观世界的事物进行抽象,更有利于用人类理解的方式对复杂系统进行分析、设计与编程。封装是指把客观事物封装成抽象的类,类可以把自己的数据和方法只让可信的类或者对象操作,对不可信的类或对象进行信息隐藏。继承,是指子类自动共享父类数据结构和方法的机制,是类之间的一种关系。在定义和实现一个类时,可以在一个已经存在的类的基础之上进行,使用现有类的所有功能,并在无须重新编写原来的类的情况下对这些功能进行扩展。通过继承创建的新类称为"子类"或"派生类",被继承的类称为"基类""父类"或"超类"。多态是指由继承而产生的相关但不同的类,其对象对同一消息会作出不同的响应。通过这些特点,可以像搭积木一样快速开发出新的系统,提高编程的效率及软件的重用性、灵活性和扩展性。

通过面向对象的思想,定义老师和学生两个类,分别有不同的属性和方法(行为)。老师的行为包括讲课、布置作业和批改作业,学生的行为包括听课、写作业。通过封装把两类客观事物进行抽象,并设置了特定的行为。通常每门课都会从学生中选出课代表,课代表会有一些特定行为。课代表继承自普通学生,不仅有普通同学的行为,还有协助老师分发作业等特定行为。考试结束,每门课程会根据课程特点产生不同的课程报告,这是多态性的体现。

8.1.2　R语言与面向对象编程

早期的 R 语言主要面向统计计算,代码量不会很大,使用面向过程的编程方法就可以很好地完成编程的任务。随着 R 语言向更多领域发展,原来面向过程的编码方式越来越难以处理海量代码的项目,所以也同 C++、Java 等语言一样引入了面向对象编程,以提高软件的重用性、灵活性和扩展性。目前,很多 R 包的设计也使用面向对象的思路进行开发。

第 2 章介绍了 R 的常用数据类型,包括数值(numeric)、逻辑(logical)、字符(character)等,在此基础上构成了一些复合型的数据类型,也称为数据结构或数据对象,包括向量(vector)、矩阵(matrix)、数组(array)、数据框(dataframe)、因子(factor)等。除了这些内置的数据类型外,用户还可以自定义新的类型,但所有的类型都是建立在这些基本的数据类型之上的。这些数据类型就可以被看作类。

1. class()函数和 attributes()函数

面向对象的程序设计,就是在定义类的基础上创建与操作对象。由类创建的对象中,包含属性和函数。其中一种重要的属性就是它的类,使用 class()函数来查看对象所属的类。如下所示,class()函数返回 R 对象的类,如基本类、复合型的类、其他类(例如 lm)、自定义类等。查看类的属性值使用 attributes()函数。向量是最基本的数据结构,没有属性,返回空值。使用函数查看 lmot 这个 lm 类的属性,可以看到很多属性项目。如果要消除对象的类,则可用 unclass()函数。

```
> x <- c(1, 2, 3)
> y <- c(4, 5, 6)
> class(x)
[1] "numeric"
```

```
> attributes(x)
NULL
>lmot <- lm(y~x)
>class(lmot)
[1] "lm"
> attributes(lmot)
$names
 [1] "coefficients"  "residuals"  "effects"  "rank" "fitted.values" "assign"
    "qr"
 [8] "df.residual"   "xlevels"    "call"     "terms"        "model"
$class
[1] "lm"
> unclass(x)
1 2 3
> unclass(lmot)
$coefficients ...
$effects ...
$rank ...
$fitted.values ...
$assign ...
$call
```

2. 泛型函数

R 语言是多态的。多态即同一个函数可以针对不同的类调用不同的操作。如前面章节的示例,plot()函数可以针对不同类型的数据对象,绘制出不同类型的图。还有其他的函数如 print(),均有此性质。多态性使函数更容易被使用,程序员不必关心所处理的对象的类型,使用一个通用的函数后,R 语言底层的类机制会根据传入对象的类型自动去匹配调用相应的具体方法,再返回结果。如 print()和 plot()是具有多态性的函数,可被称为“泛型函数”,即函数使用不同类的对象时,R 语言会把对泛型函数的调用定向到针对该对象的类所定义的函数上。使用 methods()函数可找到给定泛型函数的所有实现方法,下面以 print 为例进行介绍。

```
>methods(print)
print.acf *
print.anova
print.aov *
print.aovlist *
print.ar *
print.Arima *
…(略)
```

3. R 语言面向对象的方式

R 语言起源于 S 语言,S 语言中有两种面向对象系统 S3 和 S4,R 语言都同样支持。S3 方法的可交互性更强、更灵活,而 S4 方法则更加正式和严格,它们都是基于泛型函数的面向对象。此外,R 语言还支持 R6 和 Reference Class 两种完全面向对象编程。四种方式的比较如表 8-1 所示。

表 8-1 面向对象方式

方式	特 点
S3	和大多数面向对象的语言(C♯、JAVA、C++ 等)不同,是一种基于泛型函数的面向对象方式,容易理解和使用
S4	跟 S3 风格相似,结构更加丰富和严格
RC	Reference Class,具有严谨的面向对象编程的特性
R6	是一个单独的 R 包,与 RC 相似

8.1.3 S3 类

S3 类目前仍在 R 语言的面向对象编程中占据主导地位,R 中内置的大多数类都是 S3 类。一个 S3 类的实例是通过构建一个列表的方式创建,属性通过 attr()函数或者 class()函数手动设置,然后定义其实现方法。以下举例来说明如何编写类。定义一个员工类,该类包含姓名、工资、是否为工会成员三个属性,类型依次是字符串、数值和逻辑值。定义一个 list 数据结构,通过把"employee"赋值来完成定义类的工作。通过 attributes()函数可以查看这个类的属性。我们可以定制这个新类的打印实例。首先,查看它默认的 print()方法;然后,通过自定义 print.employee()函数,当再次对"employee"类的对象调用 print()时,print()会定向到 print.employee()函数实现个性化打印。

```
> j <- list(name = "Mike", salary = 3000, union = T)
> class(j) <- "employee"
> attributes(j)
$names
"name" "salary" "union"
$class
[1] "employee"
> j                                    #使用默认的 print()
$names
"Mike"
$salary
3000
$union
TRUE
```

```
attr(, "class")
[1] "employee"
> #自定义 print.employee() 函数
> print.employee <- function(wrkr) {
+   cat(wrkr$name, "\n")
+   cat("salary", wrkr$salary, "\n")
+   cat("union member", wrkr$union, "\n")
+ }
> j                                    #定向到 print.employee()来实现个性化打印
Mike
salary 3000
union member TRUE
```

继承的思想是在已有类的基础上创建新的类。例如，在上述建好的员工类中可以创建"小时工"类作为员工类的子类，并为子类添加新变量如"工作时长"。如下例所示，新类的名称包含了两个字符串，分别代表新类和原有的类。新类继承了原有类的方法，调用子类的打印方法，仍然会定向到 print.employee()。

```
> k <- list(name = "John",  salary = 5000, union = F,  work_time = 2)
> class(k) <- c("hrlyemployee", "employee")
> k
John
salary 5000
union member FALSE
```

8.1.4　S4 类

相对于 S3 类，S4 类是后来开发出的为避免 R 意外访问不存在的类组件而增加安全性的类型。S4 对象有明确的类定义，具有面向对象编程的特征。S4 类相比 S3 类拥有面向对象编程固有的安全性，如上节的 employee 类在创建和使用时有可能出现一些如拼写错误、未赋值、命名冲突等错误，这些错误在 S3 类中是不会被提醒的，而 S4 类可以自动提醒从而避免这些错误的发生，表 8-2 列出了 S3、S4 两种类的不同之处。

表 8-2　S3 类与 S4 类的不同之处

操　　作	S3 类	S4 类
定义类	在构造函数的代码中隐式定义	setClass()
创建对象	创建列表，设置类属性	new()
引用成员变量	$	@
实现泛型函数 f()	定义 f.classname()	setMethod()
声明泛型函数	UseMethod()	setGeneric()

1. 编写 S4 类

可使用 setClass()函数来定义新的 S4 类型,使用 new()函数新建某个类的对象。以员工类为例,通过 setClass()编写一个 S4 类"employee",包含三个成员变量,每个成员变量都有明确的类型。使用 S4 类中内置的构造函数 new()为此类创建一个实例,即增加新员工 linda。此处成员变量称为 slot,既可以通过@符号引用,也可以使用 slot()函数查询实例 Linda 的成员变量。可通过赋值改变实例 linda 的成员变量值,比如改变 linda 的薪水。S4 类的优点在于安全性,例如,将 salary 拼错时能自动产生报错消息(S3 类是列表,因此不会报错,而是随时添加新的组件)。

```
> setClass("employee",
+   representation(
+      name = "character",
+      salary = "numeric",
+      union = "logical")
+ )
[1] "employee"
> linda <- new("employee", name = "Linda", salary = 5000, union = T)
                                        #创建 employee 类的实例
> linda
An object of class "employee"
Slot "name":
"Linda"
Slot "salary"
5000
Slot "union":
[1] TRUE
> linda@salary                          #通过@符号查看实例的成员变量
5000
> slot(linda, "salary")                 #通过 slot()函数查看实例的成员变量
[1] 5000
> linda@salary <- 8000                  #改变成员变量的值
> linda@salry <- 8000
Error in checkSlotAssignment(object, name, value) :
   "salry" is not a slot in class "employee"
```

2. 在 S4 类上实现泛型函数

8.1.3 节演示了 S3 类对象在未定义打印方法的情况下会使用默认的 print()函数,同样 S4 类对象在未定义打印方法时会使用默认的 show()函数。在 S4 类上定义泛型函数需要使用 setMethod()函数,下例使用该函数重写 show()函数,实现定义新类对象的个性化打印。setMethod()函数的第一个参数设定了将要定义给定类方法的泛型函数名,

第二个参数则设定了类的名称,然后通过自定义函数 function()来重新定义这个新的函数。

```
> linda
An object of class "employee"
Slot "name":
"Linda"
Slot "salary"
8000
Slot "union":
[1] TRUE
> setMethod("show", "employee",
+ function(object) {
+   inorout <- ifelse(object@union, "is", "is not")
+   cat(object@name, "has a s salary of", object@salary,
+       "and",  inorout,  "in the union", "\n")
+ } )
> linda
Linda has a salary of 8000 and is in the union
```

◆ 8.2 程序调试

8.2.1 程序调试介绍

程序调试,是程序投入实际运行前进行的测试,是修正语法错误和逻辑错误的过程,是保证程序正确运行必不可少的步骤。各种原因都会导致程序运行结果和预期不符,根据测试时发现的错误,可进一步诊断,找出出错原因和具体的位置并进行修正。

程序调试具体来讲就是将程序代码划分为若干个部分,若每个部分都可得到预期的结果,那么整个程序也能在很大概率下运行出合乎逻辑的正确结果。在程序调试过程中,设“断点”就是让程序分部分运行,在此过程中找到出现错误的那段程序并将其改正。调试的过程就是在程序段某个可能出现问题的地方设一个“断点”,程序运行到断点之后就会停止运行,此时可以查看程序运行状态和中间结果,分析此部分程序的正确性。

8.2.2 R 语言如何调试

1. 调试函数

R 语言的核心调试工具由“调试浏览器”构成,可以逐行运行代码并在运行过程中进行检查。调试浏览器可以通过 debug()函数和 browser()函数打开。R 语言的调试工具针对单个函数,调用 debug(f)来设置函数 f()的调试状态,此后每次调用 f()函数都将自动在函数入口处进入调试浏览器,调用 undebug(f)可以取消函数的调试状态。另外,如果在 f()函数中的某一行加入一条 browser()语句,那么浏览器只会在程序执行到这一行时才被打开,继而逐步调试代码,直到退出这个函数。

2. 调试浏览器命令

进入调试浏览器时,命令提示符将从"＞"变为"Browse[d]＞"(此处 d 表示函数调用链的深度),在命令提示符之后可以输入以下命令。

(1) n (next):执行下一行,然后暂停,和 Enter 键效果相同。

(2) c (continue):与 n 类似,但在下次暂停前可能会执行若干条语句。例如在循环中,这条命令将会执行剩余的循环,直到退出循环才再次暂停。

(3) 任意的 R 命令:浏览器仍然处于 R 的交互模式,因此可以任意地查看变量的取值,例如要查看变量 x 的取值,只需要输入 x 进行查看。

(4) where:输出一份栈跟踪路径,显示到达当前位置过程中的函数调用序列。

(5) Q:退出调试浏览器,回到 R 的主交互模式。

3. 设置断点

使用 debug(f)函数会将 browser()语句插入到 f()的开始位置。然而在有些情况下程序错误发生在函数的中间位置,那么将代码从头到尾调试一遍会非常复杂,在此情况下可在代码的关键行设置断点,让程序暂停到预期的地方。设置断点主要有两种方法:一种是直接调用 browser()函数,将 browser 函数设置在待检测代码前的某个位置,就可以达到设置断点的目的;另一种是使用 setBreakpoint()函数,用于设置断点,会在源文件的某行调用 browser()函数。

◆ 8.3　性能提升

R 语言是一种解释型语言。R 语言中许多函数和命令是用 C 语言编写的,以机器代码快速运行。但是有些函数或自主编写的 R 代码是用纯粹的 R 语言编写的,需经过解释的过程,运行速度相对较慢。一个 R 会话中所有的对象都是保存在内存地址空间中,因此需要使用 64 位机器或计算机具有足够的内存,否则某些庞大应用的使用会受到限制。为使 R 代码的运行速度更快,常用的方法是优化代码、尽量使用向量化的方式处理数据、用 C 或 C++ 等编译型语言编写代码中最消耗 CPU 的核心部分或用并行的方式编写代码等。

8.3.1　向量化

通过向量化的方式处理数据且避免使用循环语句,可以提升程序的运行速度。下例中假设 x 和 y 是两个等长的向量,z 计算两个向量的和,分别使用循环语句与向量化语句实现。在具体执行环节,与循环语句相比,向量化形式更为紧凑,而且执行速度更快。因为循环语句中涉及众多的函数调用:for()是一个函数,其中的冒号实际代表多次函数的调用。调用函数涉及创建堆、栈、帧等过程,非常耗时,如果在循环的每次迭代中都有这些消耗,累积起来便会影响运行速度。

```
> for (i in 1:length(x)) z[i] <- x[i] + y[i]
> z <- x+y
```

下例为一个计算运算时间的对比示例,两段程序实现了同一功能。第一段代码采用 for 循环的方式,每迭代一次生成两个服从正态分布的随机数,并取二者的较大值累加到 sum 变量中。第二段代码一次性生成所有的随机变量并存储在矩阵 xymat 中,矩阵的每一行代表一对(x, y)的取值,对所有行 max(x, y)取值后存储在变量中,最后对该变量调用 mean()函数。采用循环方式的第一段代码保存在 MaxNorm.R 中,非循环方式的第二段代码保存在 MaxNorm2.R 中。采用 system.time()函数计算代码的执行时间,比较二者的运行速度。

MaxNorm.R 的代码如下:

```
sum <- 0
n <- 100000
for (i in 1:n) {
    xy <- rnorm(2)               #产生两个服从正态分布的随机数
    sum <- sum+max(xy)
}
print(sum/n)
```

MaxNorm2.R 的代码如下:

```
n <- 100000
xymat <- matrix(rnorm(2 * n), ncol = 2)
maxs <- pmax(xymat[, 1], xymat[, 2])
print(means(maxs))
```

比较两个文件的执行效率:

```
> system.time(source("MaxNorm.R"))
0.5667599
  user  system  elapsed
 1.700   0.004   1.722
> system.time(source("MaxNorm2.R"))
[1] 0.5649281
  user  system  elapsed
 0.132   0.008   0.143
```

可以看出,向量化方法速度更快,但占用了更多的内存空间。因此,编写代码时需要在时间和空间上进行权衡。向量化提升程序运行速度,有时是用空间换取速度。其他可应用到的、可加速代码运行的向量化函数有 ifelse()、which()、where()、any()、all()、cumsum()和 cumprod()等。矩阵运算中可能用到的加速程序运行的函数有 rowSums()和 colSums()等。

8.3.2 语句优化

观察"z[3] <- 8"这条简单的赋值语句,这条语句的执行经过如下几个步骤:首先创建一个内部的 z 副本,然后将这个副本的第 3 个元素更改为 8,最后将得到的向量重新赋值给 z。最后一步的含义是将 z 指向生成的那个副本。换言之,即使表面上只是修改了向量的一个元素,但整条语句的含义是"整个向量都被重新计算了"。对于一个很长的向量,这可能会极大地降低程序的运行速度。

下面的代码,将列表中的每一行的第三个元素的值都设为 8。分析代码,有 m 个向量(含有 n 个元素)存储在列表中,对列表中的每一个向量做赋值操作,就会出现复制副本问题,即每一次迭代过程中都创建了一个向量的副本,时空开销巨大。如果将这些向量存储在一个矩阵中,则矩阵操作的副本复制只有一次,性能便得到极大的提升。

```
> m <- 5000
> n <- 10000
> x <- list()
> for (i in 1:m) x[[i]] <- sample(1:10, n, replace = T)
> system.time( for (i in 1:m) x[[i]][3] <- 8 )
  user   system  elapsed
 0.288    0.024    0.321
> y <- matrix(sample(1:10, m * n, replace = T), nrow = m)
> system.time(y[, 3] <- 8)
  user   system  elapsed
 0.008    0.044    0.052
```

◆ 8.4 并 行 计 算

大数据时代出现了对大规模数据的复杂计算需求。例如,在社交网络或网页分析的场景下,经常会使用网络图结构,即建立节点间的关系矩阵,要对每个值进行统计计算,矩阵的规模和计算量庞大。对此,常见的处理方法是将计算任务分割成若干较小的块,同时处理每一份小块。例如,在多台计算机上同时运算来缩短计算时间。假设使用两台计算机完成这个任务,那么可以用其中一台计算机处理矩阵中的奇数行,而另一台计算机去处理偶数行。像这样,将计算任务分解成多个子任务,在同一时间,由不同的执行部件执行不同的子任务,达到在多计算资源下解决问题的耗时少于单个计算资源下耗时的效果,就是并行计算。并行计算可分为:计算密集型,如大型科学工程计算与数值模拟等;数据密集型,如数字图书馆、数据仓库、数据挖掘和计算可视化等;网络密集型,如协同计算和远程诊断等。

R 语言内置了 parallel 包和许多并行计算工具,强化了并行计算能力。parallel 包在本质上相当于打开多个 R 控制台,然后将任务拆分后让这些控制台计算,待各部分计算完成后再进行整合并呈现出来。完成一次并行计算需要的函数如表 8-3 所示。

表 8-3　对并行计算主要函数的说明

函　　数	说　　明
makeCluster()	创建并行集合
clusterExport()	导入需要的变量
ClusterEvalQ()	各线程中要运行的表达式
ClusterApply、parLapply 等	并行计算,用法类似 apply 函数族

下例展示 parallel 包的基本用法。使用 quantmod 包中的 getSymbols()函数下载股票收盘价计算并输出结果。

```
> library(parallel)                              #导入 parallel 包
> src <- "yahoo"                                 #构建变量
> codes <- c("600030.SS", "000001.SZ")          #选取两只股票
> FUN <- function(x){                            #构建函数,提取数据并计算最大值
+   setSymbolLookup(XXX = list(name = x, src = src))
+   getSymbols("XXX")
+   res<- max(XXX[, paste0(x, ".Close")])
+   return(res)
+   }
> cl  =  makeCluster(2)                          #构建线程数为 2 的并行集合
> clusterExport(cl, varlist = "src")             #函数 FUN 中需要 src, 导入变量 src
> clusterEvalQ(cl, expr = library(quantmod))     #加载使用的包 quantmod
> res <- clusterApply(cl = cl, x = codes, fun = Fun)   #并行计算
> res                                            #输出两支股票的计算结果
```

◈ 8.5　综合实验

1. 实验名称

程序改错和调试。

2. 实验目标

掌握 R 程序的调试方法。

3. 实验内容

假设一个向量由若干个 0 和 1 构成,找出其中连续出现 1 的游程。例如,对于向量 $(1,0,0,1,1,1,0,1,1)$,从它第 4 个索引处开始有长度为 3 的游程,而长度为 2 的游程分别始于第 4 个、第 5 个和第 8 个索引的位置。因此,以下程序若能正常运行,当 findruns 参数 x 为 $c(1, 0, 0, 1, 1, 1, 0, 1, 1)$,参数 k 为 2 时,正确的返回 runs 变量结果应该是

$(4,5,8)$。

代码(错误代码)如下所示。

```
findruns <- function(x, k) {
    n <- length(x)
    runs <- NULL
    for (i in 1:(n-k)) {
        if(all(x[i:i+k-1] == 1)) runs <- c(runs, i)
    }
    return(runs)
}
```

程序目前还存在着一些逻辑上的错误,从而得不到预期的结果。本实验要求将上述代码保存在名为 findruns 的.R 文件中,使用数据测试,利用 R 中的调试工具查找和修复程序中的错误。

4. 实验步骤

(1) 将上述代码保存在名为 findruns 的.R 文件中,使用一组数据对程序进行测试。

```
> source("findruns.R")
> findruns(c(1, 0, 0, 1, 1, 0, 1, 1, 1), 2)
[1] 3 4 6 7
```

预期结果应该是第 4、7、8 位置存在 1 的游程,然而实际返回的结果出现了不应该有的结果 3、6 和遗漏的结果 8,说明出现了错误。

(2) 启动程序调试。

```
> debug("findruns")
> findruns(c(1, 0, 0, 1, 1, 0, 1, 1, 1), 2)
debugging in: findruns(c(1, 0, 0, 1, 1, 0, 1, 1, 1), 2)
debug at findruns.R#1: {
    n <- length(x)
    runs <- NULL
    for (i in 1:(n - k)) {
        if (all(x[i:i + k - 1] == 1))        #all()判断逻辑向量中是否所有值都为 true
            runs <- c(runs, i)
    }
    return(runs)
}
```

首先确认输入的向量是否正确。

```
> Browse[2] x
[1] 1 0 0 1 1 0 1 1 1
```

通过输入 n，执行下一条语句，如图 8-2 所示。

```
> Browse[2]  n
debug at findruns.R#2: n <- length(x)
> Browse[2]  n
debug at findruns.R#3: runs <- NULL
```

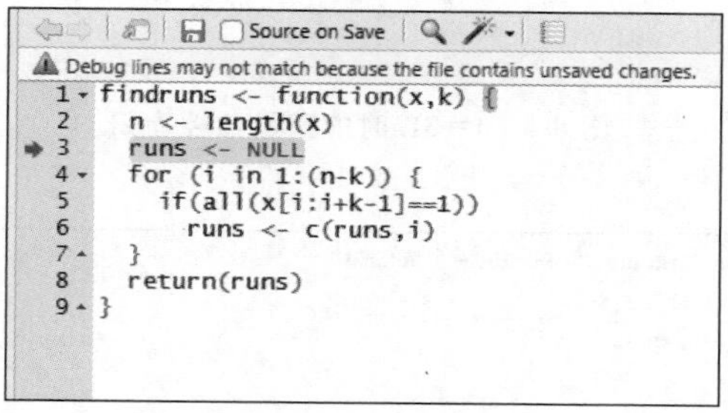

图 8-2 执行到 runs <- NULL

此时图 8-2 中箭头指示的是下一条将要执行的语句，连续输入两次 n，进入循环语句。

```
> Browse[2] n
debug at findruns.R#4: for (i in 1:(n - k)) {
    if (all(x[i:i + k - 1] == 1))
        runs <- c(runs, i)
}
> Browse[2] n
debug at findruns.R#5: if (all(x[i:i + k - 1] == 1)) runs <- c(runs, i)
```

进入循环以后，观察变量窗口区，有当前变量的值，如图 8-3 所示。

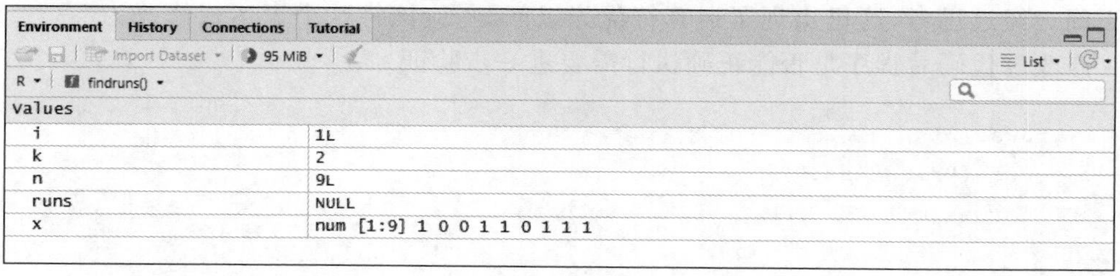

图 8-3 i＝1L 时的变量监控窗口

连续输入 n 进行逐步调试，直至 i 等于 3L，如图 8-4 所示。

根据代码所示，x[i:i＋k－1]的取值应该是由 3 位置上的 0 和 4 位置上的 1 组成的列表[0,1]。由于此列表不满足每个元素都等于 1，因此不会通过 if 检查语句而被 runs 接收。再次输入 n 来验证上述想法，如图 8-5 所示。

这时发现 runs 接收了结果 3，说明程序并没有按照预先设想的那样执行，因为如果

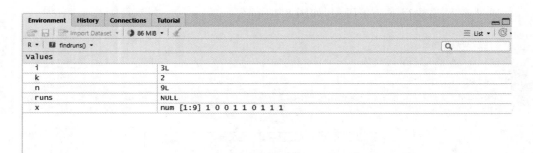

图 8-4   i＝3L 时的变量监控窗口

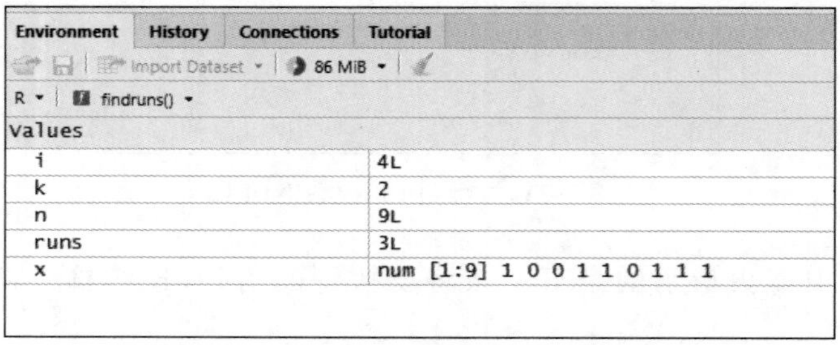

图 8-5   i＝4L 时的变量监控窗口

之前 x[i:i＋k－1]的取值真的是[0,1]，就不可能通过 if 检查，所以问题出在 x[i:i＋k－1]。接下来输入 Q，退出本次调试。重新开启调试，并逐步运行到之前 i 等于 3L 这一步，此时在控制台打印输出 x[i:i＋k－1]。

```
> Browse[2] x[i:i+k-1]
[1] 1
```

x[i:i＋k－1]保存的只有一个值，而不是 k 个，说明编写的表达式 i:i＋k－1 本身就不正确。经过思考，这里出现了运算符优先级问题，应该将这个表达式修改为 i:(i＋k－1)。修改过代码后程序是否能正确执行需要进一步验证。

```
> Browse[2] Q
> source("findruns.R")
> findruns(c(1, 0, 0, 1, 1, 0, 1, 1, 1), 2)
[1] 4 7
```

运行结果依然不是预期的 4、7、8 三个数，说明当前程序还有错误需要排查。重新开启调试，逐步调试直到变量监控窗口的 i 值为 7L，如图 8-6 所示。

接下来继续输入 n，逐步运行，观察变量监控窗口中的 i 值，探索为什么 8 没有被加进 runs。在之后的调试中发现 i 值还没到 8L，程序就匆忙结束。由此可知，for 循环语句中 i 的取值范围表达式 i in 1:(n－k)存在问题。经过思考我们发现，1:(n－k)指的是 i 的取值范围是 1～7，而长度为 2 的验证组数据起始位置应该包含 8，所以应该将 1:(n－k)修

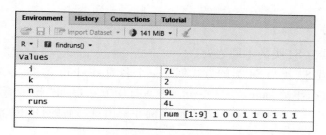

图 8-6 i＝7L 时的变量监控窗口

改为 1:(n－k＋1),修改过后测试多组数据验证程序均输出正确的答案。

```
> Browse[2] Q
> source("findruns.R")
> findruns(c(1, 0, 0, 1, 1, 0, 1, 1, 1), 2)
4 7 8
> findruns(c(1, 0, 0, 1, 1, 0, 1, 1, 1), 3)
7
> findruns(c(1, 0, 0, 1, 1, 0, 1, 1, 1, 0, 1, 0, 1, 1, 1, 1), 3)
[1]  7 13 14
```

◇ 思考与练习

一、单选题

1. S3 类查看属性采用(   )符号？S4 类采用(   )符号？
   A. *   B. @
   C. $ D. ♯

2. 假设当前调试进行到一个循环中的某一条语句,这时想让程序运行到循环结束后的语句以展开下一步调试工作时,应该使用输入哪一个命令？(   )
   A. Browse[2] n   B. Browse[2] where
   C. Browse[2] Q   D. Browse[2] c

二、多选题

1. R 语言面向对象的三个特征为(   )。
   A. 封装   B. 继承
   C. 多态   D. 抽象

2. R 语言的 OOP 系统中基于泛型函数(generic function)的是(   )。
   A. S3   B. R6
   C. Reference Class   D. S4

三、思考题

1. 简述 S3 类与 S4 类的不同之处。

2. 分别用创建 S3 类与 S4 类的方式创建一个名为 student 的类,该类的属性包含:学号 sno,姓名 sname,年龄 sage,专业 dept。重写打印方法形如"来自××专业的×××,学号是××××××"。创建 student 类的实例并调用重写后的打印方法。

应 用 拓 展

◆ 9.1 R 语言与数学

9.1.1 微积分

微积分是整个近代数学的基础,有了微积分,才有了真正意义上的近代数学。微积分以实数域的函数为研究对象,以极限为研究工具,研究函数的微分和积分问题。微积分是研究变化规律的方法,只要是与变化、运动有关的研究,都或多或少地与微积分存在联系。统计学中的概率论部分也是建立在微积分的基础之上的,如分布函数的性质、大数定律、中心极限定理等。在机器学习中,各类最优化算法本质上就是在一定约束条件下求函数的最值,而这一概念和微积分基础中的极限论相关。因此,微积分是数据挖掘、机器学习的基础。

在 R 语言中,可以使用 base 包的 union()、intersect()、setdiff()函数进行集合的并、交、差计算,使用 Ryacas 包中的 Limit()、Sym()函数进行数列极限的判断,使用 expression()、D()函数实现函数求导,使用 Deriv 包中的 Deriv()函数实现微分,使用 Ryacas 包中的 Integrate()函数求解积分,等等。结合本书第 3 章中自定义函数、控制结构等方法编写代码进行计算。

9.1.2 线性代数

线性代数是数学的一个分支,研究对象包括矩阵、秩、向量、特征值、特征向量、向量空间、线性变换等,在大数据分析建模中发挥着巨大的作用。在数据分析挖掘的建模过程中,许多应用场景可以抽象为矩阵,矩阵代表了某种变换或映射,以矩阵为基础的各种运算,如矩阵分解,代表了对象在新空间中的一些新特征,在大数据分析中应用十分广泛。由于科学研究中的非线性模型通常可以被近似为线性模型,因此线性代数被广泛地应用于自然科学和社会科学中。

在 R 语言中,可以使用本书第 2 章中的 matrix()函数来建立矩阵,使用diag()函数建立特殊的矩阵,使用 t()函数进行转置矩阵,使用 det()函数求解行列式,使用 solve()函数求解矩阵的逆矩阵和线性方程组,使用 qr()函数求矩阵的秩,使用 eigen()函数求矩阵的特征值和特征向量,使用 svd()函数对矩阵进行奇异值分解。各函数的使用方法通过 help(函数名)查看。

9.1.3　概率论与数理统计

概率论与数理统计是一门研究和揭示随机现象统计规律的数学学科。目前,各领域的研究者普遍采用概率统计方法来分析和处理带有随机干扰的数据,直至作出科学决策。在大数据时代背景下,概率论与数理统计不仅是大数据的基础,而且是大数据的底层理论之一,方法包括数据分布特征、随机事件与概率、随机变量的数字特征、参数估计、假设检验等概率论与数理统计基础知识。

在 R 语言中,可以使用本书第 5 章的内容进行数据分布特征的统计描述,如集中趋势、离散趋势等,以及第 6 章的随机数、检验、方差、回归等基本统计方法及其函数应用。

9.1.4　多元统计分析

多元统计分析是从经典统计学中发展起来的一个分支,是数理统计学中的一个重要的分支学科,能够在多个对象和多个指标互相关联的情况下分析出它们的统计规律,是一种综合分析方法,主要方法包括回归分析、判别分析、聚类分析、主成分分析、因子分析及典型相关分析等。这些分析方法在大数据领域都有着非常广泛的应用。

在 R 语言中,可以使用本书第 6 章中的回归,第 7 章中的分类、聚类等多种方法和函数进行多元统计分析。

9.1.5　数值计算

随着工程问题规模的不断扩大,相比于理论研究和实验研究,数值计算的实用价值更大,它是求解工程实际问题的重要方法之一。数据分析、数据挖掘、机器学习中的模型求解往往是复杂的数值计算问题,如常见的插值、数值逼近、非线性方程求解等都属于数值计算的范畴。从更高的层面来看,数值计算是指有效使用数字计算机更好地求数学问题近似解的方法与过程,并考虑误差、收敛性和稳定性等问题,几乎涵盖了所有涉及复杂数学运算的计算机程序。

在 R 语言中,使用本书第 3 章的函数族,以及第 5 章的数据清洗、数据规范、数据集成、数据重构的方法和函数进行计算。

◈ 9.2　R 语言的应用拓展

9.2.1　关联规则

关联规则是发现事物之间关联关系的分析过程,以购物篮分析为例,通过分析顾客在一次购物过程中一起购买的商品,发现不同商品、不同顾客经常出现在一起的集合之间的关系。关联规则一般表现为蕴含式规则形式,即 X -> Y,X 称为关联规则的前提或先导条件,Y 称为关联规则的结果或后继,例如,购物篮中面包和牛奶的关联规则表示为{面包} -> {牛奶}。通常使用置信度和支持度等指标来反映关联关系,支持度(Support)表示某类项目集占记录总数的比例,置信度(Confidence)表示项目集占该类所有项目集的比例。当支持度超过定义的支持度阈值时，该项目集称为频繁项目集，支持度和置信度均超过阈值的关联规则称为强关联规则。Apriori 算法是常用的关联规则算法。

在 R 语言中，经常使用 arules、arulesViz 包中的 apriori()、itemFrequency()、inspect()、quality() 函数进行相应的模型分析。包中的 Groceries 数据集是一个包含近万条购物记录的购物数据集，是很好地进行关联规则分析测试用的专用数据集。

9.2.2　智能推荐

互联网已经从搜索时代进入推荐时代，推荐系统是近年来最重要的变革之一，很多网站都由基于大数据的推荐系统所驱动。推荐的本质是通过一定的方式将用户和物品联系起来。智能推荐算法主要包括基于关联规则的推荐算法、基于物品的协同过滤算法、基于用户的协同过滤算法、基于内容的推荐算法。其中，协同过滤算法是比较经典常用的推荐算法，例如根据用户的历史行为数据发现用户的兴趣爱好，然后基于用户的兴趣爱好的相似度进行分组，最后将评分高的商品推荐给同组用户。在协同过滤中，重要的工作是如何选择合适的相似度计算方法（如皮尔逊相关系数、余弦相似度），以及如何计算用户对未评分商品的预测分值。

在 R 语言中，常使用 recommenderlab 包中的函数构建智能推荐模型，主要有 Recommender()、predict()、evaluate()、evaluationScheme() 等函数。包中数据集 MovieLense 包括近千名用户对上千部电影的评分，是很好地进行智能推荐用的经典数据集。

9.2.3　时间序列

统计数据主要分为两大类：一类是和时间无关的、由不同对象观测值组成的数据；另一类是时间序列数据，是由同一对象在不同时间的观测值形成的数据。时间序列分析具有现实意义，在金融经济、气象水文、信号处理等众多领域具有广泛的应用。时间序列分析的主要目的是对时间序列数据进行观察、研究，找寻其变化发展的规律，用过去的观测值预测同一变量的未来值，即时间序列分析的因变量为变量未来的可能值，自变量是包含该变量的一系列历史观测值。常用模型有时间序列分解模型、ARIMA。

时间序列分解模型是将各种变动因素的具体数值测定出来，更好地认识和掌握现象变化发展的规律性。在观测量变化发展过程中，每一时期都受到各种因素的影响，包括趋势变动影响因素、季节变动影响因素、周期（循环）变动影响因素和随机不规则变动影响因素。时间序列预测值是这些因素共同作用的结果。对时间序列数据进行分析和预测比较完善和精确的算法是博克思-詹金斯（Box-Jenkins）方法，其常用模型包括自回归模型（AR 模型）、滑动平均模型（MA 模型）、自回归-滑动平均混合模型（ARMA 模型）、差分整合滑动平均自回归模型（ARIMA 模型）。

在 R 语言中，使用时间序列建模前需要先将数据存储到一个时间序列对象中，使用 ts() 函数将数值类型的观测对象存储为时间序列对象，然后使用 forecast、tseries 等包中的 Arima() 函数、decompose() 函数、stl() 函数进行相应的模型分析。

9.2.4　深度学习

　　深度学习是一个复杂的机器学习算法,使机器模仿视听和思考等人类的活动,解决了很多复杂的模式识别难题,人工智能相关技术取得了很大进步。和以往的机器学习算法最大的不同在于,深度学习是一类端到端的学习算法,不需要经过数据的特征提取等过程,它能够自动提取数据的有用特征。深度学习一般是指具有多层结构的网络,在解决问题时,需要针对问题的特点设计不同的网络结构,网络的层数、连接和生成方式多种多样,如使用卷积神经网络进行图像识别、使用长短期记忆网络进行文本识别等。由于深度学习的网络结构很深,需要优化的参数很多,因此需要使用更多的训练数据对模型进行训练,随着数据量的增大,对计算机存储性能和计算性能的要求提高,所以大型的深度学习算法通常会使用 GPU 进行训练。

　　学术界(如加拿大的多伦多大学、美国斯坦福大学等)和工业界(如谷歌、微软、百度等)投入大量资源进行深度学习技术研发,并取得了显著的进展。深度学习框架和平台的资源飞速增长,除 Python 之外,C、C++、Java、Matlab、R 等语言也都有相应的工具包支持深度学习。要学习和使用基于深度神经网络的深度学习,不必从头搭建,使用好的开发工具可减少底层开发的工作量,将重点关注于深度学习应用逻辑的开发及模型的优化上,提高开发效率。在 R 语言中,keras 包是简单易懂、使用较多的深度学习包,通过该包中的函数能够非常方便地构造、训练和测试所建立的深度学习模型。

◇思考与练习

1. 尝试使用 R 语言进行大学数学中微积分、线性代数、数值计算等问题的求解。
2. 尝试使用 R 语言进行关联规则、智能推荐、时间序列问题的解决。

本书使用的函数

1. 第 1 章使用的函数

（1）工作空间相关函数。

参看 1.2.1 节常用管理工作空间的函数。

（2）帮助文档相关函数。

参看 1.2.2 节常用的 R 语言查看帮助文档函数。

（3）包相关函数。

参看 1.3 节常用管理包的函数。

（4）数据集相关函数。

① 列出已载入的包中所有数据集的函数：data()；

② 查看数据集前几行数据的函数：head()；

③ 查看数据集后几行数据的函数：tail()；

④ 在控制台显示完整数据的函数：view()。

2. 第 2 章使用的函数

（1）数据类型转换。

参看 2.1.2 节常见数据类型的辨别与转换函数。

（2）向量。

向量涉及的部分函数如表 A-1 所示。

表 A-1 向量涉及的部分函数

函　　数	功　　能
c()	创建向量
length(x)	统计 x 中元素的个数
“:”运算符	创建连续序列向量
seq()	创建等差序列向量
rep()	创建重复序列向量
which()	返回逻辑向量中为 TRUE 的位置
which.min(x)	返回 x 中最小值的位置
which.max(x)	返回 x 中最大值的位置
sort()	对向量进行排序

（3）矩阵。

矩阵涉及的部分函数如表 A-2 所示。

表 A-2　矩阵涉及的部分函数

函　　数	功　　能
matrix()	创建矩阵
colnames()	给矩阵每列命名或访问矩阵列名
rownames()	给矩阵每行命名或访问矩阵行名
cbind()	横向合并
rbind()	纵向合并
as.vector(A)	将矩阵 A 转换为向量
dim()	返回矩阵的行数和列数

矩阵运算相关函数参看 2.4.3 节矩阵运算常用函数。

（4）数组。

数组涉及的部分函数如表 A-3 所示。

表 A-3　数组涉及的部分函数

函　　数	功　　能
array()	创建数组
dim()	返回数组维度的整数值向量

（5）数据框。

数据框涉及的部分函数如表 A-4 所示。

表 A-4　数据框涉及的部分函数

函　　数	功　　能
data.frame()	创建数据框
names(<数据框>)	读取并编辑列名称

（6）列表。

列表涉及的部分函数如表 A-5 所示。

表 A-5　列表涉及的部分函数

函　　数	功　　能
list()	创建列表
unlist()	把列表中的所有元素转换为向量元素
length()	检查列表成分的个数（需要先使用 unlist()函数）

（7）因子。

因子涉及的部分函数如表 A-6 所示。

表 A-6　因子涉及的部分函数

函　　数	功　　能
factor()	创建因子
gl()	创建有规律的因子

3. 第 3 章使用的函数

（1）数学函数。

参看 3.2.1 节的表 3-1 数学函数。

（2）统计函数。

参看 3.2.1 节的表 3-2 统计函数。

（3）字符处理函数。

参看 3.2.1 节的表 3-4 字符处理函数。

（4）apply 函数族。

参看 3.3 节的表 3-7apply 函数族中的常用函数。

（5）数据输入/输出函数。

数据输入/输出函数如表 A-7 所示。

表 A-7　数据输入/输出函数

命　　令	描　　述
data()	读入数据或查看当前空间的数据
read.table()	读入文本文件中的数据
read.csv()	读入 csv 文件中的数据
read.spss()	读入 spss
readLines()	读取数据
library()	读取扩展包
cat()	输出到屏幕或文件
sink()	将输出结果重定向到文件
write.table()	将 data.frame 输出到文本文件
write.csv()	输出到 csv 文件
writeLines()	将字符串向量输出到文件中
png	输出 png 格式图片
jpeg	输出 jpeg 格式图片
pdf	输出 pdf 格式文件

4. 第 4 章使用的函数

（1）graphics 包的高级绘图函数。

参看 4.1.1 节中的表 4-2 高级绘图函数及其功能。

（2）graphics 包的低级绘图函数。

参看 4.1.2 节中的表 4-3 低级绘图函数及其功能。

（3）ggplot2 包的绘图函数。

参看 4.2.1 节中的表 4-8 几何绘图函数描述以及表 4-9 统计绘图函数描述。其他常用的 ggplot2 绘图函数如表 A-8 所示。

表 A-8　ggplot2 中常用绘图函数

常用绘图函数	描　　述
qplot()	快速绘图，参数设置详见 4.2.2 节
ggplot()	创建画布图层并设置全局参数，参数设置详见 4.2.3 节

5. 第 5 章使用的函数

（1）数据描述相关函数。

① 求平均值：mean()；

② 求中位数：median()；

③ 求方差：var()；

④ 求标准差：sd()；

⑤ 求中位数绝对偏差：mad()；

⑥ 求四分位数：quantile()；

⑦ 求极差：range()；

⑧ 计算相关系数：cor()；

⑨ 计算距离：dist()。

（2）数据清洗相关函数。

① 检查数据集中是否存在缺失值：summary()；

② 查看缺失值的位置：is.na()；

③ 通过可视化方法查看数据缺失值的图形描述：aggr()；

④ 移除所有含缺失数据的行：na.omit()；

⑤ 绘制箱线图：boxplot()；

⑥ 检测异常数据：boxplot.stats()；

⑦ 数据重复检测：unique()、duplicated()。

（3）数据集成相关函数。

① 横向合并两个数据集（数据框）：merge()、cbind()；

② 纵向合并两个数据集（数据框）：rbind()；

③ 选择变量和样本：subset()；

④ 对列变量进行操作：transform()、within()；

⑤ 快速对全行和全列进行计算：apply()；

⑥ 分组汇总：aggregate()；

⑦ 生成频数表：table()；

⑧ 将频数转换为比例值：prop.table()。

（4）数据规范相关函数。

实现标准化：scale()。

（5）数据重构相关函数。

① 根据数据类型进行相应的拆分操作：melt()；

② 对 melt 后的数据进行重新构造：acast()、dcast()。

6. 第 6 章使用的函数

（1）随机数相关函数。

① 生成均匀分布且默认为 0 和 1 之间的值：runif()；

② 照四舍五入取整：round()；

③ 向上或向下取整：ceiling()，floor()；

④ 随机抽样：sample()；

⑤ 设定随机数种子：set.seed()；

⑥ 参考 6.1 节的表 6-1 常用统计分布函数。

（2）模型相关函数。

① 均值检验的 t 统计量：t.test()；

② 检验变量的相关性：cor.test()；

③ 方差分析：oneway.test()、anova()、aov()；

④ 线性回归：lm()；

⑤ 广义线性模型：glm()。

7. 第 7 章使用的函数

① 建立混淆矩阵：table()函数。

② 创建决策树：party 包中的 ctree()函数；rpart 包中的 rpart()函数；tree 包的 tree() 函数。

③ 生成随机森林：randomForest 包中的 randomForest()函数。

④ KNN 算法的实现方式：class 包中的 knn()函数；kknn 包中 kknn()函数；caret 包中的 train()函数。

⑤ 朴素贝叶斯分类算法的实现方式：程序包 e1071 中的 naiveBayes()函数；程序包 klaR 中的 NaiveBayes()函数。

⑥ 支持向量机的主要包和函数：e1071 包；klaR 包；svm()函数。

⑦ 神经网络的主要包和函数：nnet 包中的 nnet()函数；AMORE 包；neuralnet 包；

RSNNS 包。

⑧ 具有聚类函数的包：stats 包；cluster 包；fpc 包；mclust 包。

⑨ PCA 的主要函数：pysch 包中的 princomp() 函数；碎石图 screeplot() 函数；biplot() 函数。

8. 第 8 章使用的函数

(1) 面向对象。

① 查看对象所属的类：class()；

② 消除对象的类：unclass()；

③ 查看类的属性值：attributes()；

④ 查看给定泛型函数的所有实现方法：methods()；

⑤ S4 类定义类：setClass()；

⑥ S4 类创建对象：new()；

⑦ S4 类实现泛型函数：setMethod()。

(2) 调试函数。

① 启动程序调试函数：debug()；

② 逐步执行：Browse[2] n；

③ 执行剩余的循环：Browse[2] c；

④ 查看当前位置函数调用序列：Browse[2] where；

⑤ 设置断点：setBreakpoints()；

⑥ 退出调试：Browse[2] Q。

(3) 并行计算 parallel 包主要函数。

参看 8.4 节的表 8-3 parallel 包中主要的函数。

◇ 参 考 文 献

[1] Norman Matloff. R 语言编程艺术[M]. 陈堰平，邱怡轩，潘岚锋，译. 北京：机械工业出版社华章科技，2013.

[2] Robert I. Kabacoff. R 语言实战[M]. 王小宁，刘撷芯，黄俊文，译. 2 版. 北京：人民邮电出版社，2016.

[3] 张良均，谢佳标，杨坦，等. R 语言与数据挖掘[M]. 北京：机械工业出版社，2016.

[4] 程丹，张良均. 大数据数学基础(R 语言描述)[M]. 北京：人民邮电出版社，2019.

[5] Tilman M. Davies. R 语言之书-编程与统计[M]. 李毅，译. 北京：人民邮电出版社，2019.

[6] 张杰. R 语言数据可视化之美：专业图表绘制指南(增强版)[M]. 北京：电子工业出版社，2019.

[7] 薛震，孙玉林. R 语言统计分析与机器学习[M]. 北京：中国水利水电出版社，2020.

[8] Hadley Wickham. 高级 R 语言编程指南[M]. 潘文捷，许金炜，李洪成，译. 北京：机械工业出版社，2020.

[9] 北荣辅. R 数据科学：从数据挖掘基础到深度学习[M]. 马莉，译. 北京：中国水利水电出版社，2021.

[10] 贾俊平，何晓群，金勇进. 统计学[M]. 8 版. 北京：中国人民大学出版社，2021.

[11] 陈文贤. 大话统计学：基于 R 语言＋中文统计工具[M]. 北京：清华大学出版社，2022.

[12] Benjamin S. Baumer. 现代数据科学(R 语言)[M]. 张小明，郭华，张骞允，译. 2 版. 北京：清华大学出版社，2022.

[13] Hadley Wickham，Garrett Grolemund. R for Data Science[M]. USA：O'Reilly Media，2017.

[14] John D Kelleher，Brendan Tierney. Data Science[M]. USA：The MIT Press，2018.

[15] Larose，Daniel T. Data Science Using Python and R [M]. USA：Wiley，2019.

[16] R 官网：www.r-project.org.

[17] RStudio 工具：www.rstudio.com.

[18] 统计之都 R 论坛：d.cosx.org/t/r.

[19] R 语言论坛：www.r-bloggers.com.

[20] 数据科学社区：www.kaggle.com.

图书资源支持

感谢您一直以来对清华版图书的支持和爱护。为了配合本书的使用，本书提供配套的资源，有需求的读者请扫描下方的"书圈"微信公众号二维码，在图书专区下载，也可以拨打电话或发送电子邮件咨询。

如果您在使用本书的过程中遇到了什么问题，或者有相关图书出版计划，也请您发邮件告诉我们，以便我们更好地为您服务。

我们的联系方式：

地　　址：北京市海淀区双清路学研大厦 A 座 714

邮　　编：100084

电　　话：010-83470236　　010-83470237

客服邮箱：2301891038@qq.com

QQ：2301891038（请写明您的单位和姓名）

资源下载：关注公众号"书圈"下载配套资源。

资源下载、样书申请

书 圈

图书案例

清华计算机学堂

观看课程直播